高·等·职·业·教·育·教·材

# 食品微生物检验

王晓峨　李燕　主编

SHIPIN
WEISHENGWU
JIANYAN

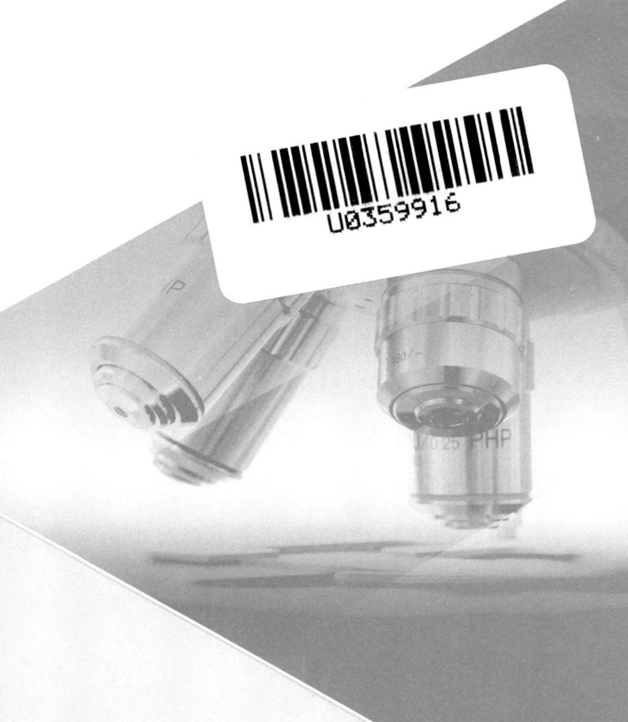



化学工业出版社
·北京·

## 内容简介

《食品微生物检验》依据高职高专教育教学理念，以食品微生物检验岗位需求为导向，以真实检测任务为载体，依据最新食品安全国家标准，按照检验工作环节或流程进行编写，旨在培养学生食品微生物检验岗位的操作技能与综合职业素养。本教材系统阐述了食品微生物检验岗位需要具备的理论知识与操作技能，主要包括食品中常见微生物检验、常见致病菌检验和食品生产环境检验等检验技术。本教材采用活页式装订，使教学理论与实践内容的选取更为灵活，可满足学生理论学习、实践操作、实训考核等不同学习方式的需求。为增加教材的直观性与可操作性，本教材将知识难点及操作重点作为数字资源，以二维码的方式植入教材，学生可随时扫描进行学习。

本教材可供高等职业院校绿色食品生产技术、食品质量与安全等食品类相关专业的学生使用，也可作为食品微生物检验岗位的员工培训教材。


图书在版编目（CIP）数据

食品微生物检验/王晓峨，李燕主编. —北京：化学工业出版社，2022.8（2024.2重印）
高等职业教育教材
ISBN 978-7-122-41337-6

Ⅰ. ①食… Ⅱ. ①王…②李… Ⅲ. ①食品微生物-食品检验-高等职业教育-教材 Ⅳ. ① TS207.4

中国版本图书馆 CIP 数据核字（2022）第 074620 号

责任编辑：冉海滢　刘　军
责任校对：宋　玮
装帧设计：王晓宇

出版发行：化学工业出版社
（北京市东城区青年湖南街 13 号　邮政编码 100011）
印　　装：中煤（北京）印务有限公司
787mm×1092mm　1/16　印张 $11^1/_2$　字数 240 千字
2024 年 2 月北京第 1 版第 2 次印刷

购书咨询：010-64518888
售后服务：010-64518899
网　　址：http://www.cip.com.cn
凡购买本书，如有缺损质量问题，本社销售中心负责调换。

定　　价：58.00 元

# 编写人员名单

主　编：王晓峨　温州科技职业学院

　　　　李　燕　温州科技职业学院

副主编：李春美　浙江华才检测技术有限公司

　　　　董夏梦　温州科技职业学院

　　　　胡胜群　温州市食品研究所

参　编：孙铭利　浙江华才检测技术有限公司

　　　　郑晓乐　温州市质量技术监督检测院

　　　　申芳嫡　宁波职业技术学院

　　　　李彦坡　温州科技职业学院

　　　　许胜飞　浙江一鸣食品股份有限公司

　　　　王俊伟　浙江百珍堂食品有限公司

　　　　魏姣姣　浙江华才检测技术有限公司

　　　　卢圣佑　温州科技职业学院

　　　　朱　宇　温州科技职业学院

　　　　杨乾敏　宁波希诺赛生物科技有限公司

食品微生物检验是食品类专业的一门必修课程，通过该课程的学习与实践训练，学生能掌握食品微生物检验的基础理论知识、常规项目的检验原理；具备及时、准确地对食品样品及生产环境进行微生物检验和作出检验报告的能力；养成规范、敬业诚信、精益求精的专业素养。目前已有的校企合作教材相对较少，因此我们组织编写了本教材，旨在提高学生的实际操作能力，适应行业、企业对职业院校学生的要求。

本教材内容涵盖了食品中常见微生物检验、食品中常见致病菌检验和食品生产环境检验等检验技术，共设五个项目，十九个任务。每个项目按“项目导入、项目目标、知识准备、任务实施、实训报告”等模块编排，将知识学习与任务实施融合为一体，便于学生更好地将理论知识与实际任务相结合，提高专业能力。教材以二维码的形式配有丰富的视频、微课等数字化资源，形象讲解重难点和操作关键点，使学生更加直观地了解检验操作的全过程。同时教材还配套建设了浙江省高等学校课程共享平台在线开放课程，教师可以线上线下混合式教学。

教材编写中融入了新的职业教育理念，汲取了大量行业专家和企业技术人员提供的宝贵意见和经验；以职业能力培养为主线，以食品行业、企业微生物检验职业岗位的需求为导向，以最新的食品安全国家标准或被认可的方法为依据；选取内容来源于食品行企、第三方检测机构的实际工作任务，注重所选内容的先进性和代表性；同时教材结合食品检验管理 1+X 证书和农产品食品检验员证书考核标准，构建了基于工作过程的食品微生物检验课程内容。

本教材是由从事食品微生物检验的专业教师和行业技术人员，结合近年来教学研究和课程改革的经验和成果编写而成。温州科技职业学院王晓峨、李燕担任主编，浙江华才检测技术有限公司李春美、温州科技职业学院董夏梦、温州市食品研究所胡胜群担任副主编，此外，还有多位来自高校、企业和检测机构的专业人员也参与了本教材的编写。

本教材基本理论精炼，操作步骤条理清晰，可作为高职高专食品类相关专业的学生教材，也可作为食品检验技术人员的参考资料。鉴于编者的水平和时间有限，书中难免有不妥之处，敬请各位同行和读者提出宝贵意见，以使我们的教材更加完善和科学。

王晓峨

2022 年 2 月

目
CONTENTS
录

## 项目四　食品中常见致病菌检验　/ 087



## 项目五　食品生产环境检验　/ 147

# 项目一
# 食品微生物实验室及设备配置

## 项目导入

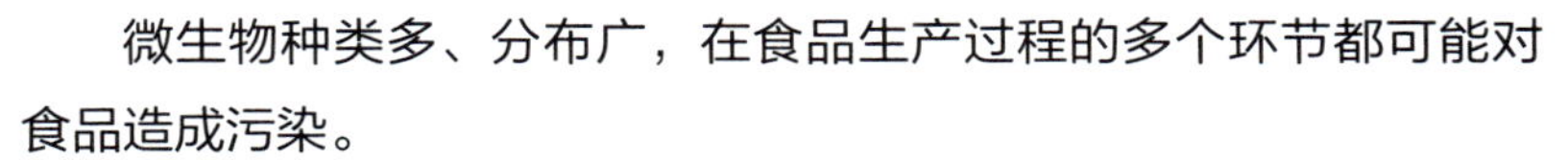

微生物种类多、分布广，在食品生产过程的多个环节都可能对食品造成污染。

食品微生物污染的发生会对人体健康造成严重危害，因此食品微生物检验工作对评价食品质量安全、保障人民饮食安全、生命健康乃至国家安全都有着极为重要的意义。

绝大多数食品出厂前必须进行微生物检验，确保食品质量安全，这就对微生物检验室提出了更高的要求。学会食品微生物实验室设计分区和所需仪器设备的使用与维护，对食品微生物检验工作起着非常重要的作用，是实验室安全和检验结果可靠的质量保证。

## 项目目标

### 素质目标

具备标准意识、规范意识，爱岗敬业、实事求是、精益求精的工匠精神和热爱劳动的品质。

### 知识目标

了解食品微生物实验室基本要求，熟悉微生物实验所需的各种常用仪器设备的使用方法，以及常用玻璃器皿的使用方法。

### 能力目标

学会食品微生物实验室的设计分区及基本要求，能熟练操作常用仪器设备并能做好日常维护，学会各种玻璃器皿的清洗方法及湿热灭菌操作技术。

# 任务一

# 食品微生物实验室的设计

## 知识准备

### 一、实验室环境基本要求

（1）实验室环境不应影响检验结果的准确性。

（2）实验室的工作区域应与办公区域明显分开。

（3）实验室工作面积和总体布局应能满足从事检验工作的需要，实验室布局应遵照单方向工作流程的原则，避免交叉污染。

（4）实验室内环境的温度、湿度、照度、噪声和洁净度等应符合工作要求。

（5）一般样品检验应在洁净区域（包括超净工作台或洁净实验室）进行，洁净区域应有明显的标识。

（6）病原微生物分离鉴定工作应在二级生物安全实验室（biosafety level 2, BSL-2）进行。

### 二、实验室分区及要求

一般在条件允许的情况下，实验室应按照配制培养基→蒸汽灭菌→分离或接种→培养→检验→保存或处理的顺序进行平面布局，相应安排洗涤室、培养基配制室、灭菌室、无菌室、培养室、检查室、菌种保存室和洗消间。

#### 1. 洗涤室

洗涤室是洗刷培养微生物用的试管、培养皿、锥形瓶等的场所。室内需为光滑材质地面，墙角及拐弯处应设计为弧形，便于清洗。室内应具有下列设备。

（1）水池　瓷制或水泥池均可。池底有放水塞，池内有水龙头。有时水池可用大塑料盆代替。

（2）干燥架　干燥架设于水池的两侧或一侧，板上钉有大小不同的斜木钉，以倒挂清洗过的玻璃仪器，控干水分。

（3）工作台　台上放电炉及其他设备。

（4）干燥箱　室内放干燥箱，用于干燥器皿、试管、吸管等。

（5）辅助用具　各种毛刷、去污粉等。

### 2. 培养基配制室

培养基配制室是供调配各种培养基的场所。室内要求清洁、宽敞、无杂物。其主要设备有以下几类。

（1）衡量器具　一般有天平、量杯、量筒等，用于称取或量取药品及拌料用水。

（2）药品柜、壁橱、工作台等　用来放置培养基的原料、药品、天平、煮锅、烧杯、电炉、试管架、试管、刀剪等。

（3）拌料用具　煮锅、塑料桶、玻璃棒等。必要时还应配置一些机械设备，如切片机、粉碎机等。

（4）装料用具　锥形瓶、培养皿、试管等。

### 3. 灭菌室

灭菌室是对配制好的培养基及各种器具进行灭菌的场所。灭菌室内应有通风设备。常用的有高压蒸汽灭菌锅、干热灭菌箱等。

### 4. 无菌室

无菌室一般分内外两间，内间是无菌间，外间为缓冲间。配备湿温度计，用于测定室内空气温度和相对湿度。

（1）无菌室构造

① 无菌间　无菌间的面积不宜过大，一般 4 ～ 5m$^2$，高度不超过 2.5m。室内地面、墙面均要光滑整洁，墙角及拐弯处应设计为弧形，便于清洗。门要设在离操作台最远的地方，为减少空气波动，可设拉门。应在离操作台较远的位置设通气窗，所有窗户、通风口和风机开口均应装上防护网。有条件的可安装空气过滤器。

在离门最远的位置设无菌操作台，台面要平整光滑，操作台的上方，应安装紫外线杀菌灯及照明日光灯，灯的高度以距地面 2m 为宜。也可放置超净工作台、生物安全柜。

② 缓冲间　在无菌间外要有一个缓冲间，内设衣帽柜，工作人员在此做好换衣帽、拖鞋等准备工作后进入无菌间，减少将杂菌带入无菌间的机会。缓冲间的门要与无菌间的门错开，并避免同时开门，以防止外界空气直接进入无菌间。房间中央离地面 2 m 高处，应安装紫外线杀菌灯。

③ 风淋室　为了保证外界的尘埃不带入洁净工作区内，在缓冲间进入无菌间入口处配置风淋室，装有风淋自控系统，让进入人员经过风淋处理，从而有效控制无菌间的洁净程度。

④ 传递窗　设在内外间墙壁上，用于无菌间与外界的物品传递。传递窗内外门不能同时开启，应执行“一开一闭”规则。

笔记

笔记

（2）无菌间使用要求

① 无菌间内应保持清洁，工作后用消毒液擦拭工作台面，不得存放与实验无关的物品。

② 无菌间使用前后都需打开紫外线灯消毒，照射时间不少于30min。使用紫外线灯应注意安全，不得直接在紫外线下操作，以免对人体造成伤害。每隔两周需用酒精棉球轻轻擦拭灯管，除去表面灰尘和油垢，以减小其对紫外线穿透力的影响。

③ 进入无菌间开始操作后，不得随意出入，以减少交叉污染。

### 5. 培养室

培养室是培养微生物的房间，它的大小可根据实验或生产规模确定。培养室要求干净、通风、保温，室内放置培养箱。

培养室密封性能要好，便于灭菌消毒，最好有通风换气装置，使用时定期开窗通风。

### 6. 检查室

检查室一般为30～60$m^2$的房间，可根据实验室人数或实验规模确定，内有实验台和水槽、若干个电源插座。显微镜等设备放置于适当的位置上。

### 7. 菌种保存室

菌种保存室是贮藏和存放菌种的场所，其大小可根据菌种量而定。要求清洁、干燥，应配备冰箱或超低温冰箱，主要用于保藏菌种和其他物品。

## 实训报告

笔记

环节一：请根据食品微生物实验室要求，实地检查某一微生物实验室的洗涤室、培养基配制室、灭菌室、无菌室和培养室，列举其不符合项，并指出整改意见。

<table>
<tr><th colspan="4">记录表</th></tr>
<tr><td colspan="4">班级：　　　　　　　姓名：　　　　　　　学号：</td></tr>
<tr><td colspan="2"></td><td>不符合项</td><td>整改意见</td></tr>
<tr><td colspan="2">洗涤室</td><td></td><td></td></tr>
<tr><td colspan="2">培养基配制室</td><td></td><td></td></tr>
<tr><td colspan="2">灭菌室</td><td></td><td></td></tr>
<tr><td rowspan="2">无菌室</td><td>缓冲间</td><td></td><td></td></tr>
<tr><td>无菌间</td><td></td><td></td></tr>
<tr><td colspan="2">培养室</td><td></td><td></td></tr>
</table>

笔记

环节二：请针对食品微生物实验室的组成和功能，依据实验室布局应采用单方向工作流程、避免交叉污染的原则，对实验室的洗涤室、培养基配制室、无菌室（包括无菌间、缓冲间、风淋室）和培养室进行划区设计。

| 食品微生物实验室划区设计 |
| --- |
| 班级：　　　　　　　　姓名：　　　　　　　　学号： |
| |

笔记

环节三：拓展训练及任务评价

| 拓展训练 | | | | |
|---|---|---|---|---|
| 1. 简述食品微生物实验室设计要点。 | | | | |
| | | | | |
| 2. 简述无菌室的设计要求。 | | | | |
| | | | | |
| 任务评价 | | | | |
| 序号 | 评价项目 | 评价内容 | 分值 | 评分 |
| 1 | 自我评价 | 实训准备、实训过程及实训结果 | 20 | |
| 2 | 组内评价 | 完成任务的态度、能力、团队协作 | 20 | |
| 3 | 组间评价 | 环境卫生、结果报告、大局意识 | 15 | |
| 4 | 教师评价 | 学习态度、实训过程及实训报告 | 45 | |
| 合计 | | | 100 | |
| 自我评价与总结： | | | | |
| 教师点评： | | | | |

笔记

# 任务二

# 常用仪器设备的使用

## 知识准备

食品微生物实验室配置的仪器设备应满足检验工作的需要。所需仪器设备应放置于适宜的环境条件下，便于维护、清洁、消毒与校准，并保持整洁与良好的工作状态。应定期对仪器设备进行检查、检定（加贴标识）、维护和保养，以确保其工作性能良好和操作安全；并且要做好日常性监控记录和使用记录。

食品微生物实验室常用下列仪器设备：高压蒸汽灭菌锅、干热灭菌箱、超净工作台、培养箱、恒温水浴箱、生物安全柜、显微镜、微量移液器、冰箱、天平、均质器等。应针对各仪器设备的工作原理进行正确使用和日常维护。

## 任务实施

### 一、高压蒸汽灭菌锅

高压蒸汽灭菌锅是利用高压和高热释放的潜热对微生物杀菌的设备，是实验室常用的可靠且有效的灭菌设备，可杀灭包括芽孢在内的所有微生物，适用于耐高温、高压，不怕潮湿的物品，如玻璃器皿、药品、培养基等。

#### 1. 操作步骤

（1）打开电源，在内外两层锅中间加入适量蒸馏水，至“高水位”指示灯亮即可。

（2）待灭菌物品装入灭菌筐，灭菌筐放入灭菌锅内，盖好并拧紧锅盖。

（3）根据要求设置灭菌参数，常用参数为 121℃，15 ～ 30min。

（4）灭菌开始，此时应打开排气阀，待冷空气排尽后，关上排气阀，锅内压力随之升高，水的沸点提高，达到设置的温度后维持相应的时间。

（5）灭菌结束，待压力表的压力降至“0”时，打开排气阀，打开盖子，取出

笔记

灭菌物品。

### 2. 注意事项

（1）水要加到指定标度或深度（参考高水位指示灯），过多会延长沸腾时间，降低灭菌功效；过少，容易导致灭菌锅因干烧损坏。

（2）待灭菌物品不宜装得太挤，以免妨碍蒸汽流通影响灭菌效果，锥形瓶瓶口不可与桶壁接触，以免冷凝水淋湿包口的纸而透入棉塞。

（3）必须将冷空气充分排除，否则锅内温度达不到设置温度，影响灭菌效果。

（4）灭菌完毕，当压力不为“0”时，不能开盖取物，否则压力突降，导致容器内外压力不平衡，内容物冲出烧瓶口或试管口，造成棉塞沾染培养基而发生污染，严重时甚至灼伤操作者。

（5）高压灭菌锅上的安全阀，是保障其安全使用的重要部件，不得随意调节；并注意安全阀不能被高压灭菌物品中的纸等堵塞。

### 3. 维护方法

（1）检查密封圈的橡胶圈，如因老化漏气应及时更换。

（2）灭菌锅的排水过滤器（如有）应每天拆下清洗。

（3）定期检查加热管结垢情况，可用弱酸清洗，腐蚀严重应及时更换。

（4）定期检查灭菌效果，每年对设备进行安全检查。

## 二、干热灭菌箱

干热灭菌箱，又名热空气灭菌箱，主要用于耐高温的玻璃器皿、金属制品以及不适合湿热灭菌的材料灭菌。其利用高温干热对微生物有氧化、蛋白质变性、电解质浓缩引起中毒等作用使微生物死亡，所以在一定的加热时间内可杀灭包括芽孢在内的所有微生物。加热范围一般为 30 ～ 300℃，其构造与传统的干燥箱、培养箱基本相同，只是底层的电热量大。

### 1. 操作步骤

（1）接通电源后开启电炉丝分组开关（按所需温度高低开启相应组数的电炉丝），打开鼓风机，帮助箱体热空气对流，此时红灯亮起。

（2）装入待灭菌物品。

（3）待温度计的读数达到需要的温度时，调节自动恒温器按钮，使绿灯正巧亮起。10min 后再看温度计及指示灯，如果温度计所指示的温度超过需要的温度，而红灯还亮，可将控温调节按钮反向旋转一些。反复调节，使之达到所需温度为止。

（4）当温度逐渐上升至 160℃，维持 2h 即可达到灭菌目的。温度如超过 170℃，器皿外包裹的纸张、棉塞会被烤焦甚至燃烧。

（5）灭菌完毕，不能立即开门取物，需关闭电源，待温度自动下降至 50℃以下再开门取物，否则玻璃器材可因骤冷而爆裂。

（6）欲烤干玻璃仪器，温度为 120℃左右，持续 30min，并打开顶部气孔，以利水蒸气散出。箱上如装有鼓风设备可加速干燥。

### 2. 注意事项

（1）需要灭菌的玻璃仪器，如平皿、试管、吸管等，必须洗净并干燥后再行灭菌。

（2）箱内物品放置切勿过挤，必须留出空间，以利热空气循环和灭菌。

（3）箱内不应放对金属有腐蚀性的物质，如酸、碱等，禁止烘烤易燃、易爆、易挥发的物品。

（4）观察箱内情况，一般不要打开内玻璃门，隔玻璃门观察即可，以免影响恒温。

（5）箱内恒温后，一般不需监视看守，但为防止控制器失灵，仍须有人经常照看，不能长时间远离。

## 三、超净工作台

超净工作台，又称为净化工作台，是箱式微生物无菌操作工作台，它能确保局部工作区域达到洁净度需求，保护工作区域内操作的样品或产品等不受污染。其工作原理是通过风机将空气吸入预过滤器，经由静压箱进入高效过滤器过滤，将过滤后的空气以垂直或水平气流的状态送出，使操作区域达到百级洁净度，保证实验对环境洁净度的要求。

### 1. 操作步骤

（1）接通超净工作台的电源，检查风机、照明及紫外设备能否正常运行。

（2）使用前，关闭玻璃拉门，提前 30min 开启紫外线灯对工作区域照射消毒。

（3）紫外线灯关闭 20 ～ 30min 后开启照明灯，启动风机。

（4）玻璃拉门上拉 15cm 左右，用 75% 的酒精或其他消毒剂擦拭台面消毒。

（5）操作时，工作区内不允许存放不必要物品，保持工作区的洁净气流不受干扰。

（6）操作结束后，清理工作台面，收集废弃物，关闭风机及照明，用 75% 的酒精或其他消毒剂擦拭消毒工作台面。

（7）最后开启紫外线灯，照射消毒 30min 后关闭，切断电源。

### 2. 注意事项

（1）开启紫外线灯后人员应离开，以免紫外线对人体造成伤害。

（2）关闭紫外线灯后，人员在 20min 后或刺鼻的味道散去后，才能进入工作区域。

### 3. 维护方法

（1）定期将预过滤器中的滤料拆下清洗，一般间隔时间为 3 ～ 6 个月。

（2）定期对周围环境进行灭菌，定期用纱布蘸酒精擦拭紫外线灯，保持其表面清洁，以免影响灭菌效果。

（3）每月测量一次工作区平均风速，如发现不符合技术标准，应调节调压器，使工作台处于最佳状态。如风速仍达不到 0.3m/s，则必须更换高效空气过滤器。

笔记

## 四、培养箱

培养箱是用于培养微生物的设备，具有制冷和加热双向调温系统，温度可控，是微生物、植物、遗传、病毒、医学、环保等领域研究不可缺少的实验室设备，广泛应用于细菌、霉菌、微生物的培养、保存，植物栽培、育种实验等。

### 1. 操作步骤

（1）培养箱应放置在清洁整齐，干燥通风的工作间内。检测人员需仔细阅读使用说明，了解、熟悉培养箱功能。

（2）使用前，面板上的各控制开关均应处于非工作状态。

（3）在培养架上放置试验样品，放置时各试瓶（或器皿）之间应保持适当间隔，以利冷（热）空气的对流循环。

（4）接通外电源，将电源开关置于“开”的位置，指示灯亮。

（5）设置培养温度。

### 2. 注意事项

（1）停止使用培养箱时，应拔掉电源插头。

（2）培养箱距墙壁的最小距离应大于 10cm，以确保制冷系统散热良好。

（3）室内应干燥、通风良好，相对湿度保持在 85% 以下，不应有腐蚀性物质存在，避免阳光直接照射在培养箱上。

（4）所用电源必须具有可靠地线，确保培养箱地线与网电源的地线接触可靠，防止漏电或网电源意外造成的危害。

## 五、恒温水浴箱

恒温水浴箱在微生物检验中为血清学试验常用仪器。由金属制成，长方形，箱内盛以温水，箱底装有电热丝，由自动调节温度装置控制。水浴箱盖呈斜面，以便水蒸气所凝结的水沿斜面流下，以免水滴落入箱内的标本中。箱内水至少两周更换一次，并注意洗刷清洁箱内沉积物。

### 1. 操作步骤

（1）关闭放水阀门，水浴箱注入清水至适当深度（水位不能低于电热管，否则会烧坏电热管）。

（2）将电源插头接在插座上（接好地线）。

（3）设置温度。接通电源，开启电源开关，通过按键设置温度，红灯亮起表示电炉丝加热。

### 2. 注意事项

（1）电器内部不可受潮，以防漏电损坏。

（2）使用时应随时注意水箱是否有渗漏现象。

## 六、生物安全柜

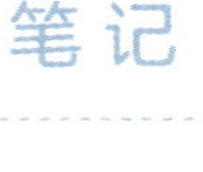

生物安全柜是负压的净化工作台，是能防止实验操作过程中某些危险性或未知性生物微粒发生气溶胶散逸的箱型空气净化负压安全装置。其工作原理主要是将柜内空气向外抽吸，使柜内保持负压状态，通过垂直气流来保护工作人员；外界空气经高效空气过滤器过滤后进入安全柜内，以避免处理样品被污染；柜内的空气也需经过 HEPA 过滤器（高效空气过滤器）过滤后再排放到大气中，以保护环境。超净工作台主要保护样品与操作人员，而生物安全柜可保护样品、人员及环境。

### 1. 操作步骤

（1）接通电源。用 75% 的酒精或其他消毒剂全面擦拭安全柜内的工作平台。

（2）将实验物品按要求摆放到安全柜内。

（3）关闭玻璃门，打开电源开关，开启紫外线灯对实验物品表面进行消毒。

（4）消毒完毕后，设置到安全柜工作状态，打开玻璃门，使机器正常运转。设备完成自净过程并运行稳定后即可使用。

（5）完成工作，取出废弃物后，用 75% 的酒精或其他消毒剂擦拭柜内工作平台。维持气流循环一段时间，以便将工作区污染物排出。

（6）关闭玻璃门，关闭照明灯，打开紫外线灯进行柜内消毒。消毒完毕后，关闭电源。

### 2. 注意事项

（1）前排和后排的回风格栅上不能放置物品，以防止堵塞回风格栅，影响气流循环。

（2）在开始工作前及完成工作后，需维持气流循环一段时间，完成安全柜的自净过程，每次试验结束应对柜内进行清洁和消毒。

（3）操作过程中，尽量减少双臂进出次数，双臂进出安全柜时动作应该缓慢，避免影响正常的气流平衡。

（4）安全柜内不能使用明火，以防燃烧过程中产生的高温细小颗粒杂质带入滤膜而损伤滤膜。

### 3. 维护方法

（1）每次使用前后应对安全柜工作区进行清洁和消毒。

（2）HEPA 过滤器的使用寿命到期后，应由接受过专门培训的专业人员更换。

（3）以下情况，应对生物安全柜进行安全检测：安装完毕投入使用前；一年一度的常规检测；当安全柜移位后；更换 HEPA 过滤器和内部部件维修后。

## 七、显微镜

微生物是人肉眼看不清或看不见的微小生物，显微镜是可放大微小物体至人肉眼能观察到的仪器。显微镜有光学显微镜和电子显微镜，食品微生物实验室常用的是光学显微镜。

笔记

### 1. 操作步骤

（1）观察前的准备　拿取显微镜时，要用右手紧握镜臂，左手托住镜座，平稳地将显微镜搬运到自己身体的左前方，离桌子边缘约10cm，右侧可放记录本或绘图纸。插上电源。

（2）低倍镜的使用　检验任何标本都要养成先用低倍镜观察的习惯。调节光源，将低倍镜转到工作位置。将标本片放置在载物台上，用标本夹夹住，转动移片器旋钮，使标本处于物镜正下方，侧面注视，转动粗调旋钮，使物镜调至接近标本处，双眼同时睁开，向目镜内观察并同时用粗调旋钮慢慢升起镜筒，直至物像出现，再调节细调旋钮使物像清晰为止。利用移片器找到合适的目的像，并将它移到视野中央进行观察。

（3）高倍镜的使用　在低倍镜观察的基础上转换高倍镜，再用细调旋钮调至物像清晰为止。在正常情况下，高倍镜的转换不应碰到载玻片或其上的盖玻片。若使用不同型号的物镜，在转换物镜时要从侧面观察，避免镜头与玻片相撞。

（4）油镜的使用　先按低倍镜到高倍镜的操作步骤找到目的物，并将目的物移至视野正中。将高倍镜移开，在标本上滴一滴香柏油，转换油镜镜头至正中，使油镜浸在油滴中。一般情况下，转过油镜即可看到目的物，如不够清晰，可调节细调旋钮以获得清晰物像。观察完毕，下降载物台，将油镜转出，先用擦镜纸擦去镜头上的油，再用擦镜纸蘸少许二甲苯或乙醚乙醇混合液，擦去镜头上残留油迹，最后再用擦镜纸擦拭2～3下即可。

（5）观察后的回收　将各部分还原，转动物镜转换器，使物镜呈“八”字形状，不与载物台通光孔相对。再将载物台下降至最低，降下聚光器，用柔软纱布清洁载物台等机械部分，放回原处，最后用干净的防尘罩将显微镜罩好，以免目镜头沾染灰尘。

### 2. 注意事项

（1）显微镜使用后，取下标本，将物镜呈“八”字形叉开，下降载物台和聚光器，关闭光圈。

（2）显微镜光学部分应用擦镜纸擦净，不可用手擦或者口吹。

（3）不得随意拆卸显微镜零件，不得粗暴旋转各类旋钮，活动关节不可随意弯曲。

（4）显微镜应保存在清洁、干燥处，避免放置在日光下或靠近热源处，不可与酸、碱或其他腐蚀性药品接触。

### 3. 维护方法

（1）机械系统中旋转部位定期涂抹中性润滑油脂，油漆和塑料表面应用软布清洁。

（2）镜头每2个月集中保养一次，用擦镜纸、棉花棒等柔软工具蘸取二甲苯或乙醚乙醇混合液清洗。

## 八、微量移液器

微量移液器是用来量取0.1μL～10mL体积液体的精密仪器，是生物、食品、化学、环境、临床实验等分析过程中样本采集和移取的必备工具。它的特点是：精准度高；操作简单；适用液体种类广，适用于水、缓冲液、稀释的盐溶液和酸碱溶液。

微量移液器可根据不同分类标准进行分类：按照操作方式可分为手动移液器和电动移液器；按照容量分类可分为固定容量式移液器和可调容量式移液器；按照通道数分类可分为单通道移液器和多通道移液器。

### 1. 操作步骤

（1）微量移液器的选择　根据需求选择相应的微量移液器。通常情况下选择35%～100%量程范围进行操作，选择这个量程对操作者的操作技巧依赖较低，同时可保证移液的准确性和精度。

（2）调节量程　遵循由大到小原则，当由大量程调至小量程时，通过调节按钮迅速调至需要量程，在接近理想值时，将微量移液器横放调至预定值。当由小量程调至大量程时，需注意旋转至超过预定值，再回调到预定值。

（3）安装吸头　采用旋转安装法，将微量移液器末端垂直插入吸头，轻轻用力压，逆时针旋转180°安装，切勿用力过猛。

针对黏稠或易挥发液体，需要预洗吸头，先吸取样品，然后排回样品容器，重复4～6次。

（4）吸取液体　吸液前排空吸头，将微量移液器按至第一停点，垂直浸入液面以下，浸入深度与移液器规格有关，如1000μL吸头应浸入3～6mm，吸液时注意慢吸慢放，缓慢松开控制按钮，切勿用力过猛，否则液体进入吸头过速会导致液体倒吸入移液器内部，或产生气泡，导致移液体积不准确。

吸液后，将移液器提离液面，停约1s，观察是否有液滴缓慢流出。若有流出，说明有漏气现象。原因一般为吸头未上紧，移液器内部气密性不好。

（5）放液　放液时吸头紧贴容器内壁并倾斜10°～40°，先将操作按钮按至第一停点，稍微停顿1s后，待剩余液体聚集后，再按至第二停点将剩余液体全部压出。

放液完毕，按压微量移液器退吸头按钮卸去吸头。最后将微量移液器旋至最大量程。将移液器挂在移液器架上。

### 2. 注意事项

（1）使用前，要注意检查是否有漏液现象。

（2）不要用大量程的移液器移取小体积的液体，应该选择合适的量程范围，以免影响准确度。

（3）吸液时，慢吸慢放。

（4）装配吸头时，应选择与移液器匹配的吸头；力量要适中，用力过猛会导致吸头难以脱卸。

（5）不要直接按到第二停点吸液，一定要按到第一停点垂直进入液面几毫米吸液。

（6）不要使用丙酮或强腐蚀性的液体清洗移液器。

笔记

## 实训报告

笔记

环节一：食品微生物实验室配置的仪器设备应放置于适宜的环境条件下，并保持整洁与良好的工作状态。为确保其工作性能良好和操作安全，请按照相关要求检查设备本身及其工作环境以及是否处于可正常运行的状态，列举其不符合项，并指出整改意见。

| 记录表 | | |
|---|---|---|
| 班级： | 姓名： | 学号： |
| | 不符合项 | 整改意见 |
| 高压蒸汽灭菌锅 | | |
| 干热灭菌箱 | | |
| 超净工作台 | | |
| 培养箱 | | |
| 恒温水浴箱 | | |
| 生物安全柜 | | |
| 显微镜 | | |
| 微量移液器 | | |

笔记

环节二：拓展训练及任务评价

| 拓展训练 |
| --- |
| 1. 讨论超净工作台的使用注意要点。 |
|  |
| 2. 简述高压蒸汽灭菌锅的使用方法。 |
|  |

| 任务评价 | | | | |
| --- | --- | --- | --- | --- |
| 序号 | 评价项目 | 评价内容 | 分值 | 评分 |
| 1 | 自我评价 | 实训准备、实训过程及实训结果 | 20 | |
| 2 | 组内评价 | 完成任务的态度、能力、团队协作 | 20 | |
| 3 | 组间评价 | 环境卫生、结果报告、大局意识 | 15 | |
| 4 | 教师评价 | 学习态度、实训过程及实训报告 | 45 | |
| 合计 | | | 100 | |
| 自我评价与总结： | | | | |
| 教师点评： | | | | |

# 任务三

# 常用玻璃器皿的使用

## 知识准备

食品微生物实验室常用玻璃器皿有试管、杜氏小管、吸管、培养皿、锥形瓶、烧杯、涂布棒、量筒、玻璃棒等。玻璃器皿在使用前应保持清洁或无菌。常用的灭菌方法包括物理法（湿热法、干热法等）和化学法。灭菌的玻璃器皿应用合适的材料（如牛皮纸、报纸等）包裹或加塞，也可放置在特定容器内，以保证灭菌效果；已灭菌用品应记录灭菌 / 消毒的温度与持续时间，并与未灭菌的用品分开存放并明确标识。此外，检验用玻璃器皿也可选择适用于微生物检验的一次性用品来替代反复使用的物品与材料（如培养皿、吸管、试管等）。

微生物实验室的玻璃器皿在实验之前必须洗涤清洁，且通常要灭菌后才可使用，否则会直接影响实验的结果，通过器皿的包扎和灭菌可有效去除器皿与环境的影响，保证实验结果的准确性。

### 一、常用玻璃器皿的种类

微生物实验室常用的玻璃器皿有以下种类。

#### 1. 试管

（1）大试管（约 18mm×180mm） 可制备斜面用和装液体培养基，用于微生物的培养。

（2）中试管［约（13 ～ 16）mm×（100 ～ 160）mm］ 装液体培养基培养细菌或做斜面用，也可用于细菌、霉菌、病毒等的稀释和血清学试验。

（3）小试管［约（10 ～ 12）mm×（75 ～ 100）mm］ 一般用于糖发酵或血清学试验，和其他需要节省材料的试验。

#### 2. 杜氏小管

观察细菌在糖发酵培养基内是否产气或大肠菌群产气试验时，在小试管内倒置一小套管（约 6mm×30mm），此小管即杜氏小管，又称德汉氏发酵管，用于收集

笔记

产生的气体。

### 3. 吸管

常用的有 1mL、2mL、5mL 和 10mL 玻璃刻度吸管。用于定量移取液体。

### 4. 培养皿

又称平皿，一套分为底和盖，常见的规格尺寸有皿底直径 60mm、75mm、90mm、100mm、120mm 等，微生物实验室常用规格为皿底直径 90mm、皿底高 18mm。皿底皿盖均为无色透明玻璃（另有聚苯乙烯塑料制成的一次性平皿，经环氧乙烷灭菌，可直接使用，一般 10 套 / 袋）。使用时在无菌培养皿内倒入适量融化的固体培养基制成平板，可用于分离、纯化、鉴定菌种，活菌计数以及测定抗生素、噬菌体的效价等。

使用时一般单手持皿开盖，即用左手，小指与无名指垫在培养皿底部，食指放在培养皿的盖上。大拇指与中指则卡在培养皿盖部的两侧。在酒精灯旁，利用大拇指与中指可以打开和关闭培养皿的盖子。此外，也可以将小指、无名指以及中指垫在培养皿的底部，而大拇指与食指卡在培养皿盖部的两侧。在酒精灯旁，利用大拇指与食指可以打开和关闭培养皿的盖子。

### 5. 锥形瓶与烧杯

常见锥形瓶有 100mL、250mL、500mL 和 1000mL 等不同规格，常用来装无菌水、培养基和振荡培养微生物等。

常见烧杯有 50mL、100mL、250mL、500mL 和 1000mL 等不同规格，常用来配制培养基和各种溶液等。

### 6. 涂布棒

采用涂布法分离微生物时使用的工具，材质有玻璃和金属制品两种，是将玻璃棒或金属棒顶端弯曲成三角形或“L”形。蘸取酒精灼烧灭菌后使用，用涂布棒在琼脂平板上将接种的菌液涂匀整个平板的平面。

## 二、玻璃器皿的灭菌方法

### 1. 干热灭菌

干热灭菌一般有火焰灭菌法和干热空气灭菌法，前者指用火焰直接灼烧的灭菌方法，涂布棒、接种环等器具一般采用此法灭菌，其特点是可靠、简便。干热空气灭菌法是利用高温使微生物细胞内蛋白质凝固变性的原理达到灭菌目的。细胞中蛋白质的凝固与含水量有关，含水量越大，凝固越快；反之，含水量越小，凝固越慢。因此干热空气灭菌所需要的温度和时间要高于湿热灭菌。

干热空气灭菌法可在恒温的干热灭菌器中进行，一般设置 160 ～ 170℃，持续 1 ～ 2h，即可达到灭菌目的。它适用于各种耐高温的玻璃空器皿（如培养皿、试管等）、金属用具（如牛津杯、手术刀等）和某些不允许湿热气体穿透的油脂（如石蜡油）、耐高温的粉末状化学药品的灭菌。但带有胶皮、塑料的物品，液体及固体培养基不能用干热灭菌。

笔记

### 2. 湿热灭菌

湿热灭菌法有煮沸法、流通蒸汽灭菌法、间歇灭菌法、巴氏消毒法和高压蒸汽法。其中高压蒸汽法是使用最普遍、最可靠的一种方法。

高压蒸汽法灭菌在专门的压力蒸汽灭菌器中进行，其优点是穿透力强、灭菌效果可靠，能杀灭包括芽孢在内的所有微生物。适用于耐高温、耐水物品的灭菌。微生物实验室经常采用此法对培养基、玻璃器皿等进行灭菌。

# 任务实施

## 一、设备与材料

锥形瓶、试管、培养皿、吸管、剪刀、棉绳、棉花、洗涤液、刷子等。

## 二、操作步骤

### 1. 新购置的玻璃器皿的洗涤

新购置的玻璃器皿一般含较多的游离碱，可用2%的盐酸或洗涤液浸泡数小时或过夜后以流动水冲洗干净，倒置晾干或烘干备用。也可将器皿先用热水浸泡，再用去污粉或肥皂粉刷洗，最后经过热水洗刷、自来水清洗，干燥后灭菌备用。

### 2. 使用过的玻璃器皿的洗涤

玻璃器皿洗涤后，如内壁的水均匀分布成一薄层，表示完全洗净，如还挂有水珠，则仍需用洗涤液浸泡数小时，然后再用自来水充分冲洗。

（1）锥形瓶或试管的洗涤　使用过的锥形瓶或试管，因其内含有大量微生物（特别是病原菌），洗刷前应先对其高压蒸汽灭菌，倒去培养物后再洗涤。也可在洗涤前用2%煤酚皂溶液或0.25%新洁尔灭消毒液浸泡24h或煮沸30min，再进行洗涤。

加过消泡剂的发酵瓶或做过通气培养的大锥形瓶，一般先将倒空的瓶子用碱粉去掉油污后，再行洗刷。

（2）培养皿的洗涤　使用过的平皿同样需先经高压蒸汽灭菌，倒去培养物，方可清洗。

如灭菌条件不便，可将皿中培养基刮出，集中以便统一处理。洗涤前用2%煤酚皂溶液或0.25%新洁尔灭消毒液浸泡24h或煮沸30min，再用去污粉或洗衣粉刷洗，冲洗干净后将平皿接龙式倒扣于洗涤架上或试验台上。

（3）吸管的洗涤　吸过菌液的吸管（滴管的橡皮头应先拔去）应立即投入2%煤酚皂溶液或0.25%新洁尔灭消毒液内，浸泡24h后方可取出冲洗。吸过血液、血清、糖溶液或染料溶液的吸管应立即投入自来水中，以免干燥后难以冲洗干净，待实验后集中冲洗。

笔记

吸管的内壁如有油垢，同样应先在洗涤液内浸泡数小时，然后再冲洗。

（4）载玻片和盖玻片的洗涤　用过的载玻片与盖玻片如滴有香柏油，要先擦去香柏油或浸在二甲苯内摇晃几次，使油垢溶解，再在肥皂水中煮沸 5 ～ 10min，用软布或脱脂棉花擦拭后用自来水冲洗，然后在稀洗液中浸泡 0.5 ～ 2h，自来水冲洗，最后用蒸馏水换洗几次，晾干后浸于 95% 乙醇中保存备用。

检查过活菌的载玻片或盖玻片应先在 2% 煤酚皂溶液或 0.25% 新洁尔灭消毒液中浸泡 24h，然后按上述方法洗涤和保存。

### 3. 玻璃器皿的包扎

（1）锥形瓶的包扎　每个锥形瓶需单独塞好硅胶塞，用报纸包扎瓶颈以上部分，用棉绳扎紧待灭菌。若瓶内装有待灭菌的物质如培养基、生理盐水等，应用记号笔注明，如图 1-1 所示。

图 1-1　常用玻璃仪器的包扎

（2）试管的包扎　洗净的试管塞上合适的、不松不紧的硅胶塞，硅胶塞入管 2/3，管外留 1/3，同规格的数支试管上半部分用报纸包起来，再用棉绳捆扎紧后灭菌。

（3）培养皿的包扎　培养皿用报纸包紧，卷成一筒，一般以 6 ～ 8 套为宜。包好后灭菌。或者不用纸包扎，直接放入特制的金属（不锈钢或铁皮）筒内，加盖灭菌。

（4）吸管的包扎　裁剪 5cm 左右宽的报纸条，在干燥的吸管上端塞入 1 ～ 1.5cm 棉花，报纸条折两次三角形形成一个包口，将每支吸管尖端斜放在报纸条折好的三角包口内，与纸条约呈 45°，用纸条以螺旋式包扎，并利用余下的一段纸条将吸管卷好。包好的多支吸管用报纸包成捆，灭菌。

## 实训报告

笔记

环节一：在开始食品微生物检验实验前，需准备好所需玻璃器皿。实验室有一批使用过的玻璃器皿，请按照要求洗涤，经检查符合要求后，练习包扎。

| 记录表 | | | |
|---|---|---|---|
| 班级： | 姓名： | 学号： | |
| | 重点污渍 | 洗涤要点 | 包扎方式 |
| 试管 | | | |
| 锥形瓶 | | | |
| 培养皿 | | | |
| 吸管 | | | |
| 载玻片 / 盖玻片 | | | |

笔记

环节二：拓展训练及任务评价

| 拓展训练 |
| --- |
| 1. 如何进行玻璃器皿的清洗？ |
| |
| 2. 吸管包扎前为什么要塞棉花？ |
| |

任务评价

| 序号 | 评价项目 | 评价内容 | 分值 | 评分 |
| --- | --- | --- | --- | --- |
| 1 | 自我评价 | 实训准备、实训过程及实训结果 | 20 | |
| 2 | 组内评价 | 完成任务的态度、能力、团队协作 | 20 | |
| 3 | 组间评价 | 环境卫生、结果报告、大局意识 | 15 | |
| 4 | 教师评价 | 学习态度、实训过程及实训报告 | 45 | |
| 合计 | | | 100 | |

自我评价与总结：

教师点评：

项目二

# 食品微生物检验样品采集和制备

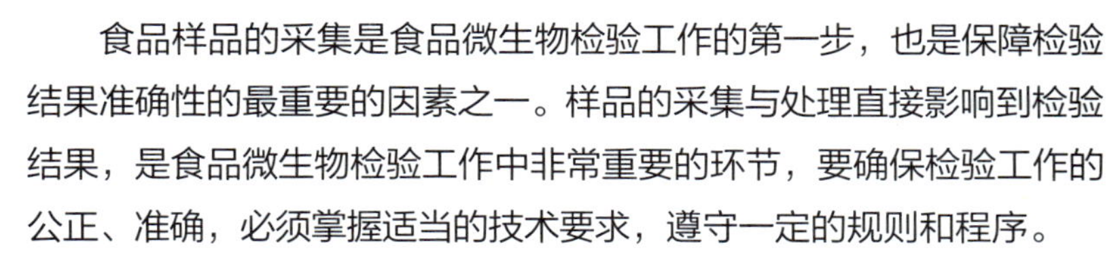

食品样品的采集是食品微生物检验工作的第一步，也是保障检验结果准确性的最重要的因素之一。样品的采集与处理直接影响到检验结果，是食品微生物检验工作中非常重要的环节，要确保检验工作的公正、准确，必须掌握适当的技术要求，遵守一定的规则和程序。

如果所采集的样品缺乏代表性，或因样品保存不当造成被测成分损失或污染，检验结果不仅无法说明问题，还有可能导致错误的结论。这就对取样人员和制样人员提出了很高的专业要求，要求其在求实的精神下，科学地进行被检对象的采样、样品送检、样品保存和样品处理。本项目以我国现行食品安全微生物学检验标准为基础，重点介绍不同食品样品采集与处理的原则及方法。

### 素质目标

坚持依法依规、实事求是的原则，具备安全意识、无菌意识，培养吃苦耐劳的精神。

### 知识目标

掌握食品微生物检验样品的采集原则，熟悉我国食品微生物检验样品的采集方案和采集数量。

### 能力目标

学会采样信息登记和常见食品微生物检验样品的采集与处理方法。

# 任务一

# 食品样品的采集与处理

## 知识准备

### 一、食品样品采集原则

#### 1. 应采用随机原则进行采样，确保所采集的样品具有代表性

每批食品随机抽取一定数量的样品，通过对不同生产时间段、不同部位的食品进行取样，使采集的样品具有代表性，能够真正反映被采集样品的整体水平。

#### 2. 采样过程遵循无菌操作程序，防止一切可能的外来污染

采样过程中，遵循无菌操作原则，需要与样品直接接触的一切采样用具均应无菌。

#### 3. 样品在保存和运输的过程中，应采取必要的措施防止样品中原有微生物的数量变化，保持样品的原有状态

采集的非冷冻食品一般可采用 0 ～ 5℃冷藏，不能冷藏的食品一般需要在 36h 内进行检验。

### 二、样品种类

样品可分为大样、中样、小样三种。大样指一整批样品；中样是指从样品各部分取得的混合样品；小样是指用于检验的样品，又称为检样，一般以 25g/mL 为准。

### 三、采样方案

（1）根据检验目的、食品特点、批量、检验方法、微生物的危害程度等确定采样方案。

（2）采样方案分为二级和三级采样方案。二级采样方案设有 $n$、$c$ 和 $m$ 值，三级采样方案设有 $n$、$c$、$m$ 和 $M$ 值，其含义如下。

笔记

$n$：同一批次产品应采集的样品件数；

$c$：最大可允许超出 $m$ 值的样品数；

$m$：微生物指标可接受水平的限量值；

$M$：微生物指标的最高安全限量值。

若按照二级采样方案设定的指标，在 $n$ 个样品中，允许有 $\leqslant c$ 个样品其相应微生物指标检验值大于 $m$ 值。

若按照三级采样方案设定的指标，在 $n$ 个样品中，允许全部样品中相应微生物指标检验值小于或等于 $m$ 值；允许有 $\leqslant c$ 个样品其相应微生物指标检验值在 $m$ 值和 $M$ 值之间；不允许有样品相应微生物指标检验值大于 $M$ 值。

例如：$n$=5，$c$=3，$m$=10CFU/g，$M$=100CFU/g。即从一批产品中采集 5 个样品，若 5 个样品的检验结果均小于或等于 $m$ 值（$\leqslant$ 10CFU/g），则这种情况是允许的；若 $\leqslant$ 3 个样品的检验结果（$X$）位于 $m$ 值和 $M$ 值之间（10CFU/g $< X \leqslant$ 100CFU/g），则这种情况也是允许的；若有 4 个及以上样品的检验结果位于 $m$ 值和 $M$ 值之间，则这种情况是不允许的；若有任一样品的检验结果大于 $M$ 值（$>$ 100CFU/g），则这种情况也是不允许的。

（3）食品安全事故中食品样品的采集

① 由批量生产加工的食品污染导致的食品安全事故，食品样品的采集和判定原则不变。重点采集同批次食品样品。

② 由餐饮单位或家庭烹调加工的食品导致的食品安全事故，重点采集现场剩余食品样品，以满足食品安全事故病因判定和病原确证的要求。

# 任务实施

## 一、采样用品

（1）采样工具　常用的有酒精灯、酒精棉球、火焰喷枪、无菌生理盐水管（带棉签）、灭菌棉拭子、镊子、长柄勺、吸管、洗耳球、剪刀、记号笔等。

（2）样品容器　盛装食品样品的无菌采样袋、样品冷藏设施等。

（3）防护用品　白大衣或隔离衣，医用手套、口罩、帽子等。

## 二、操作步骤

### 1. 采样用品灭菌准备

玻璃吸管、长柄勺等单个用纸包好高压灭菌，密闭、干燥。镊子、剪刀、小刀等用具，用前在酒精灯上用火焰消毒并妥善保管，防止污染。

### 2. 样品的采集

（1）预包装食品

① 应采集相同批次、独立包装、适量件数的食品样品，每件样品的采样量应

笔记

满足微生物指标检验的要求。

② 独立包装≤1000g的固态食品或≤1000mL的液态食品，取相同批次的包装。

③ 独立包装＞1000mL的液态食品，应在采样前摇动或用无菌棒搅拌液体，使其达到均质后采集适量样品，放入同一个无菌采样容器内作为一件食品样品；＞1000g的固态食品，应用无菌采样器从同一包装的不同部位分别采取适量样品，放入同一个无菌采样容器内作为一件食品样品。

（2）散装食品或现场制作食品　用无菌采样工具从$n$个不同部位现场采集样品，放入$n$个无菌采样容器内作为$n$件食品样品。每件样品的采样量应满足微生物指标检验单位的要求。

（3）食源性疾病及食品安全事件的食品样品　采样量应满足食源性疾病诊断和食品安全事件病因判定的检验要求。

### 3. 采集样品的标记

对采集的样品进行及时、准确的记录和标记，采样人应清晰填写采样单，注明采样人、采样地点、时间、样品名称、来源、批号、数量、保存条件等信息，并记录好采样现场的气温、湿度及卫生状况等。

### 4. 采集样品的贮存和运输

采样后，应将样品在接近原有贮存温度条件下尽快送往实验室检验。运输时应保持样品完整。如不能及时运送，应在接近原有贮存温度条件下贮存。

### 5. 样品处理与制备

（1）实验室接到送检样品后应认真核对登记，确保样品的相关信息完整并符合检验要求。

（2）实验室应按要求尽快检验。若不能及时检验，应采取必要的措施保持样品的原有状态，防止样品中目标微生物因客观条件的干扰而发生变化。

（3）冷冻食品应在45℃以下不超过15min，或2～5℃不超过18h解冻后进行检验。

## 实训报告

笔 记

<table>
<tr><th colspan="4">操作记录</th></tr>
<tr><td colspan="4">实训名称：<br>班级：　　　　　　　姓名：　　　　　　　学号：</td></tr>
<tr><td colspan="4">采样用品：</td></tr>
<tr><td colspan="4">采样步骤（操作方法及反思）：</td></tr>
<tr><th colspan="4">采样信息登记</th></tr>
<tr><td>样品名称</td><td></td><td>被采样单位</td><td></td></tr>
<tr><td>样品生产日期</td><td></td><td>批号</td><td></td></tr>
<tr><td>采样地点</td><td></td><td>采样时间</td><td></td></tr>
<tr><td>抽样基数</td><td></td><td>采样数量</td><td></td></tr>
<tr><td>采样方式</td><td></td><td>储存条件</td><td></td></tr>
<tr><td>采样现场简述<br>（温湿度、卫生状况等）</td><td colspan="3"></td></tr>
<tr><td>有效成分及含量</td><td colspan="3"></td></tr>
<tr><td>检验目的</td><td></td><td>检验项目</td><td></td></tr>
<tr><td>采样人</td><td></td><td>采样人单位</td><td></td></tr>
</table>

笔记

**拓展训练**

1. 食品微生物检验样品采集的基本原则是什么？

2. 简述样品采集送检的注意点。

3. 简述预包装食品的采样要求。

**任务评价**

| 序号 | 评价项目 | 评价内容 | 分值 | 评分 |
| --- | --- | --- | --- | --- |
| 1 | 自我评价 | 实训准备、实训过程及实训结果 | 20 | |
| 2 | 组内评价 | 完成任务的态度、能力、团队协作 | 20 | |
| 3 | 组间评价 | 环境卫生、结果报告、大局意识 | 15 | |
| 4 | 教师评价 | 学习态度、实训过程及实训报告 | 45 | |
| 合计 | | | 100 | |

自我评价与总结：

教师点评：

# 任务二

# 常见食品微生物检验样品的制备

## 知识准备

检验制备是指样品采集、送检和样品处理的过程。上一任务介绍了食品微生物检验中检样制备的一些基本原则及通用方法、要求，但食品种类繁多，微生物种类也很多，不同食品涉及不同的微生物指标检验，样品的制备方法会有所不同，特别是某些病原致病菌的检验，需要进行增菌或前增菌的处理。

## 任务实施

### 一、肉与肉制品检样的制备

#### 1. 采样用品

采样箱，天平，无菌采样袋，灭菌刀、剪刀、镊子，灭菌棉签等。

#### 2. 试剂

稀释液或增菌液 225mL，121℃灭菌 15min。

#### 3. 操作步骤

（1）样品的采集

① 生肉及脏器　若是屠宰场宰后的畜肉，可于开腔后，用灭菌刀采取两腿内侧肌肉各 150g（或劈半后采取两侧背最长肌肉各 150g）；若是冷藏或销售的生肉，可用灭菌刀取腿肉或其他部位的肌肉 250g。检样采取后放入无菌容器内，立即送检。

② 禽类（包括家禽和野禽）　鲜、冻家禽采取整只，放入无菌容器内；带毛野禽可放清洁容器内，立即送检。

③ 各类熟肉制品　包括酱卤肉、肴肉、方圆腿、熟灌肠、熏烤肉、肉干、肉松、肉脯等，一般采取 250g。熟禽采取整只，均放无菌容器内，立即送检。

笔记

④ 生灌肠　包括腊肠、香肚等，一般采取整根、整只，小型的可采数根、数只，其总量不少于 250g。

（2）检样的处理

① 生肉及脏器检样的处理　先将检样进行表面消毒（在沸水内烫 3 ～ 5s，或灼烧消毒），再用无菌剪刀剪取检样深层肌肉 25g，放入无菌均质袋内用灭菌剪刀剪碎后，加入灭菌稀释液 225mL，混匀后即为 1∶10 稀释液。

② 鲜、冻家禽检样的处理　先将检样进行表面消毒，用灭菌剪刀或刀去皮后，剪取肌肉 25g（一般可从胸部或腿部剪取），其他处理同生肉。带毛野禽去毛后，同家禽检样处理。

③ 各类熟肉制品检样的处理　直接切取或称取 25g，其他处理同生肉。

注：以上样品的采集和送检及检样的处理，均以检验肉禽及其制品内的细菌含量从而判断其质量、鲜度为目的。如需检验肉禽及其制品受外界环境污染的程度或检验其是否带有某种致病菌，应用棉拭采样法。

（3）棉拭采样法和检样处理　检验肉禽及其制品受污染的程度，一般可用板孔 $5cm^2$ 的金属制规板压在受检物上，将灭菌棉拭稍沾湿，在板孔 $5cm^2$ 的范围内揩抹多次。然后将规板移压另一点，用另一棉拭揩抹，如此共移压揩抹 10 次，总面积为 $50cm^2$，共用 10 支棉拭。每支棉拭在揩抹完毕后应立即剪断或烧断后投入盛有 50mL 灭菌水的锥形瓶或大试管中，立即送检。检验时先充分振摇，吸取瓶、管中的液体作为原液，再按要求做 10 倍递增稀释。

检验致病菌，不必用规板，可疑部位用棉拭揩抹即可。

## 二、水产食品检样的制备

### 1. 采样用品

采样箱，灭菌刀、镊子等，无菌采样袋，灭菌棉签等。

### 2. 试剂

生理盐水（配制方法：氯化钠 8.5g，蒸馏水 1000mL），121℃灭菌 15min。

### 3. 操作步骤

（1）样品的采集　赴现场采取水产食品样品时，应按检验目的和水产品的种类确定采样量。除个别大型鱼类和海兽只能割取其局部作为样品外，一般都采取完整的个体，待检验时再按要求在一定部位采取检样。一般小型鱼类和对虾、小蟹，因个体过小在检验时只能混合采取检样，采集多个个体；鱼糜制品（如灌肠、鱼丸等）和熟制品采取 250g，放灭菌容器内。

水产食品含水较多，体内酶的活力也较旺盛，易于变质。因此在采好样品后应尽快送检，在送检过程中一般都应加冰保藏。

（2）检样的处理

① 鱼类　采取检样的部位为背肌。先用流水将鱼体表冲净，去鳞，再用 75% 酒精棉球擦净鱼背，待干后用灭菌刀在鱼背部沿脊椎切开 5cm，再切开两端，使两

块背肌分别向两侧翻开，然后用无菌剪刀剪取 25g 鱼肉，放入无菌均质袋中，用均质器拍打 1 ～ 2min，加入 225mL 灭菌生理盐水，混匀成稀释液。

② 虾类　采取检样的部位为腹节内的肌肉。将虾体在流水下冲净，摘去头胸节，用灭菌剪刀剪除腹节与头胸节连接处的肌肉，然后挤出腹节内的肌肉，取 25g 放入无菌均质袋中。余后操作同鱼类检样处理。

③ 蟹类　采取检样的部位为胸部肌肉。将蟹体在流水下冲洗，剥去壳盖和腹脐，去除鳃条。用 75% 酒精棉球擦拭前后外壁，待干。然后用灭菌剪刀从中央剪开成左右两片，用双手将一片蟹体的胸部肌肉挤出，称取 25g 放入无菌均质袋中。余后操作同鱼类检样处理。

④ 贝壳类　采取检样部位为贝壳内容物。用灭菌镊子或小刀从贝壳的张口处缝隙中徐徐切入，撬开壳盖，再用灭菌镊子取出整个内容物，称取 25g 置无菌均质袋中。余后操作同鱼类检验处理。

注：上述检样处理的方法和检验部位，均以检验水产品肌肉内细菌含量从而判断其新鲜度为目的。如需检验水产食品是否感染某种致病菌，其检验部位应为胃肠消化道和鳃等呼吸器官。

## 三、糕点、蜜饯、糖果检样的制备

### 1. 采样用品

灭菌镊子，无菌采样袋，75% 酒精棉球等。

### 2. 试剂

生理盐水（配制方法：氯化钠 8.5g，蒸馏水 1000mL），121℃灭菌 15min。

### 3. 操作步骤

（1）样品的采集　糕点（饼干）、面包、蜜饯可用灭菌镊子夹取不同部位样品，放入灭菌容器内；糖果采取原包装样品，采取后立即送检。

（2）样品的处理

① 糕点　如为原包装，用灭菌镊子夹下包装纸，采取外部及中心部位；如为带馅糕点，取外皮及内馅 25g；裱花糕点，采取奶花及糕点部分各一半共 25g。加入 225mL 灭菌生理盐水中，制成混悬液。

② 蜜饯　采取不同部位称取 25g 检样，加入灭菌生理盐水 225mL，制成混悬液。

③ 糖果　用灭菌镊子夹取包装纸，称取数块共 25g，加入预温至 45℃灭菌生理盐水 225mL，待溶化后检验。

## 四、饮料、冷冻饮品检样的制备

### 1. 采样用品

采样箱，灭菌刀、镊子、剪刀，无菌采样袋等。

笔记

笔记

### 2. 试剂

生理盐水（配制方法：氯化钠 8.5g，蒸馏水 1000mL），121℃灭菌 15min。

### 3. 操作步骤

（1）样品的采集

① 碳酸饮料、果蔬汁饮料、茶饮料、固体饮料等应采取原瓶、袋和盒装样品，散装者应用无菌操作采取 500mL，放入无菌采样袋中。

② 冷冻饮品采取原包装样品。

（2）检样的处理

① 瓶（罐）装饮料　用点燃的酒精棉球灼烧瓶口灭菌，用石炭酸纱布盖好。塑料瓶口可用 75% 酒精棉球擦拭灭菌，用灭菌开瓶器将盖启开，移取 25mL 加入灭菌生理盐水 225mL，制成 1∶10 样品匀液。盒装或软包装液体样品，用 75% 酒精棉球擦拭外包装后用灭菌纱布覆盖，再用灭菌剪刀剪开，移取 25mL 加入灭菌生理盐水 225mL，制成 1∶10 样品匀液。含有二氧化碳的液体饮料先倒入另一灭菌容器内，口勿盖紧，覆盖灭菌纱布，轻轻摇荡，待气体全部逸出后再进行检验。

② 冰棍　用灭菌镊子除去包装纸，将冰棍部分放入无菌袋中，木棒留在外，封口，用力抽出木棒，或用灭菌剪刀剪掉木棒，置45℃水浴，融化后立即进行检验。

③ 冰淇淋　放在无菌袋内，待其融化立即进行检验。

## 五、乳与乳制品检样的制备

### 1. 采样用品

搅拌器具，吸管，灭菌刀、勺，无菌采样袋，75% 酒精棉球等。

### 2. 试剂

稀释液或增菌液。

### 3. 操作步骤

（1）样品的采集

① 散装或大型包装的乳品　用灭菌刀、勺取样，在移采另一件样品前，刀、勺先清洗灭菌。采样时应注意部位的代表性。采样量不少于 5 倍或以上检验单位的样品。

② 小型包装的乳品　应采取相同批次最小零售原包装，每批至少取 *n* 件，采样量不少于 5 倍或以上检验单位的样品。

（2）检样的处理

① 乳及液态乳制品　将检样摇匀，以无菌操作开启包装。塑料或纸盒（袋）装，用 75% 酒精棉球消毒盒盖或袋口，用灭菌剪刀切开；玻璃瓶装，以无菌操作去掉瓶口的纸罩或瓶盖，瓶口经火焰消毒。用灭菌吸管吸取 25mL 检样，放入装有 225mL 灭菌生理盐水的锥形瓶内，振摇均匀。

② 炼乳　清洁瓶或罐的表面，再用点燃的酒精棉球消毒瓶或罐口周围，然后用灭菌的开罐器打开瓶或罐，以无菌方式称取 25g 检样，放入预热至 45℃的装有

225mL 灭菌生理盐水（或其他增菌液）的锥形瓶内，振摇均匀。

③ 奶油　无菌操作打开包装，称取 25g 检样，放入预热至 45℃的装有 225mL 灭菌生理盐水（或其他增菌液）的锥形瓶中，振摇均匀。从检样融化到接种完毕的时间不应超过 30min。

④ 乳粉　取样前将样品充分混匀。罐装乳粉的开罐取样法同炼乳处理，袋装乳粉应用 75% 酒精棉球涂擦消毒袋口，以无菌方式开封取样。称取检样 25g，加入预热到 45℃盛有 225mL 灭菌生理盐水等稀释液或增菌液的锥形瓶内振摇，使充分溶解和混匀。

⑤ 干酪　以无菌操作打开外包装，对有涂层的样品削去部分表面封蜡，对无涂层的样品直接用灭菌刀切开干酪，用灭菌刀（勺）从表层和深层分别取出有代表性的适量样品，磨碎混匀。称取 25g 检样，放入预热到 45℃的装有 225mL 灭菌生理盐水（或其他稀释液）的锥形瓶中，振摇均匀。充分混合使样品均匀散开（1 ～ 3min），分散过程中温度不超过 40℃，尽可能避免泡沫产生。

## 六、调味品检样的制备

### 1. 采样用品

采样箱，灭菌勺子，无菌采样袋，75% 酒精棉球等。

### 2. 试剂

灭菌碳酸钠、灭菌蒸馏水。

### 3. 操作步骤

（1）样品的采集　瓶装或袋装样品采取原包装，散装样品可用灭菌吸管或灭菌勺子采取，放入无菌采样袋内送检。

（2）检样的处理

① 瓶装样品　用点燃的酒精棉球烧灼瓶口灭菌，用石炭酸纱布盖好，再用灭菌开瓶器启开，袋装样品用 75% 酒精棉球消毒袋口后进行检验。

② 酱类　用无菌操作称取 25g，放入灭菌容器内，加入灭菌蒸馏水 225mL；吸取酱油 25mL，加入灭菌蒸馏水 225mL，制成混悬液。

③ 食醋　用 20% ～ 30% 灭菌碳酸钠溶液调 pH 到中性。吸取食醋 25mL，加入灭菌蒸馏水 225mL，制成混悬液。

笔记

笔记

# 实训报告

笔记

环节一：请对某农贸市场销售的猪瘦肉进行采样及处理，以供微生物检验用。

<table>
<tr><th colspan="4">记录表</th></tr>
<tr><td colspan="4">班级：　　　　　　姓名：　　　　　　学号：</td></tr>
<tr><td colspan="4">采样信息登记</td></tr>
<tr><td>样品名称</td><td></td><td>被采样单位</td><td></td></tr>
<tr><td>样品生产日期</td><td></td><td>批号</td><td></td></tr>
<tr><td>采样地点</td><td></td><td>采样时间</td><td></td></tr>
<tr><td>抽样基数</td><td></td><td>采样数量</td><td></td></tr>
<tr><td>采样方式</td><td></td><td>储存条件</td><td></td></tr>
<tr><td>采样现场简述<br>（温湿度、卫生状况等）</td><td colspan="3"></td></tr>
<tr><td>有效成分及含量</td><td colspan="3"></td></tr>
<tr><td>检验目的</td><td></td><td>检验项目</td><td></td></tr>
<tr><td>采样人</td><td></td><td>采样人单位</td><td></td></tr>
<tr><td>送检条件及时间</td><td colspan="3"></td></tr>
<tr><td colspan="4">样品处理步骤</td></tr>
<tr><td colspan="4">操作人：　　　　　　　　　　复核人：</td></tr>
</table>

笔记

环节二：请对某超市销售的小黄鱼进行采样及处理，以供微生物检验用。

| 记录表 | | | |
| --- | --- | --- | --- |
| 班级： | 姓名： | 学号： | |
| 采样信息登记 | | | |
| 样品名称 | | 被采样单位 | |
| 样品生产日期 | | 批号 | |
| 采样地点 | | 采样时间 | |
| 抽样基数 | | 采样数量 | |
| 采样方式 | | 储存条件 | |
| 采样现场简述（温湿度、卫生状况等） | | | |
| 有效成分及含量 | | | |
| 检验目的 | | 检验项目 | |
| 采样人 | | 采样人单位 | |
| 送检条件及时间 | | | |
| 样品处理步骤 | | | |
| 操作人： | | 复核人： | |

环节三：拓展训练及任务评价

笔记

| 拓展训练 |
| --- |
| 1. 固体样品采样后应如何处理？ |
| |
| 2. 简述瓶装“可口可乐”饮料的样品处理方法。 |
| |

| 任务评价 | | | | |
| --- | --- | --- | --- | --- |
| 序号 | 评价项目 | 评价内容 | 分值 | 评分 |
| 1 | 自我评价 | 实训准备、实训过程及实训结果 | 20 | |
| 2 | 组内评价 | 完成任务的态度、能力、团队协作 | 20 | |
| 3 | 组间评价 | 环境卫生、结果报告、大局意识 | 15 | |
| 4 | 教师评价 | 学习态度、实训过程及实训报告 | 45 | |
| 合计 | | | 100 | |
| 自我评价与总结： | | | | |
| 教师点评： | | | | |

笔记

# 项目三

# 食品中常见微生物检验

## 项目导入

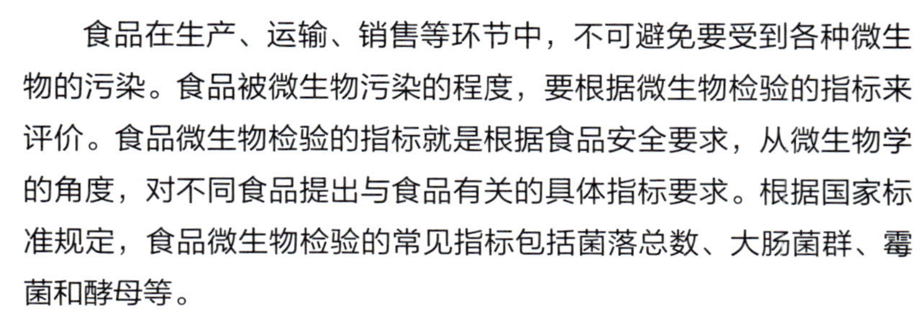

食品在生产、运输、销售等环节中，不可避免要受到各种微生物的污染。食品被微生物污染的程度，要根据微生物检验的指标来评价。食品微生物检验的指标就是根据食品安全要求，从微生物学的角度，对不同食品提出与食品有关的具体指标要求。根据国家标准规定，食品微生物检验的常见指标包括菌落总数、大肠菌群、霉菌和酵母等。

食品微生物常见指标的检验是食品微生物检验工作中非常重要的内容，是判断被检测食品能否食用的科学依据之一，这就对检验人员提出了很高的专业要求，要求其规范、严谨、实事求是地进行样品检验、原始数据记录和结果计算，并对检验结果作出科学判断。

## 项目目标

### 素质目标

具备科学辩证思维，标准意识、无菌意识，培养规范严谨、求真务实、精益求精的工匠精神和良好的实验习惯。

### 知识目标

了解食品中各项常见微生物检验指标的测定意义；掌握各项指标的测定方法；掌握各项指标的报告及评价方式。

### 能力目标

学会解读食品中常见微生物检验指标的方法标准；能按照检验方法标准对各项指标进行检验；能对检验结果进行计算及报告。

## 任务一

# 菌落总数测定

## 知识准备

### 一、菌落总数的概念

菌落总数是食品检样经过处理，在一定条件下（如培养基、培养温度和培养时间等）培养后，所得 1g（mL）检样中形成的微生物菌落总数。

### 二、菌落总数的单位

菌落形成单位的英文缩写为 CFU，即 colony forming units。菌落是指单个或少数微生物细胞在固体培养基上生长繁殖而形成的能被肉眼识别的生长物，它是由数以万计相同的微生物细胞集合而成。菌落总数的测定采用的是平板计数法，当样品被稀释到一定程度，与固体培养基混合，在一定培养条件下，每个能够生长繁殖的微生物细胞都可以在平板上形成一个可见的菌落，通过菌落个数计数，可计算出每克或每毫升待检样品中培养出多少个菌落，以 CFU/g 或 CFU/mL 报告。

### 三、菌落总数测定的意义

菌落总数作为判定食品被污染程度的标志，是食品安全评价指标中的重要项目，也可用其观察微生物在食品中繁殖的动态，预测食品可存放的期限，是判断食品安全的重要依据之一。从食品安全角度来看，食品中菌落总数越多，说明食品质量越差，病原菌污染的可能性就越大。

食品中菌落总数超标，说明该产品达不到基本的安全要求，将会破坏食品的营养成分，造成食品腐败变质，失去食用价值。消费者食用菌落总数超标严重的食品，容易患肠道疾病，引起呕吐、腹泻等症状，危害人体健康。

# 任务实施

## 一、设备与材料

| 项目 | 内容 |
| --- | --- |
| 设备 | 恒温培养箱（36℃ ±1℃）、恒温培养箱（30℃ ±1℃）、冰箱（2 ～ 5℃）、恒温水浴箱（46℃ ±1℃）、天平（感量为0.1g）、均质器、超净工作台、高压蒸汽灭菌锅、菌落计数器 |
| 材料 | 无菌吸管［1mL（具0.01mL刻度）、10mL（具0.1mL刻度）］或微量移液器及吸头，无菌锥形瓶（容量250mL、500mL）、无菌培养皿（直径90mm）、无菌试管（18mm×180mm）、无菌均质袋 |

## 二、培养基与试剂

| 名称 | 成分 | | 制法 |
| --- | --- | --- | --- |
| 平板计数琼脂培养基 | 胰蛋白胨<br>酵母浸膏<br>葡萄糖<br>琼脂<br>蒸馏水<br>pH | 5.0g<br>2.5g<br>1.0g<br>15.0g<br>1000mL<br>7.0±0.2 | 将各成分加于蒸馏水中，煮沸溶解，调节pH。分装试管或锥形瓶，121℃高压灭菌15min |
| 磷酸盐缓冲液 | 磷酸二氢钾（$KH_2PO_4$）<br>蒸馏水 | 34.0g<br>500mL | 贮存液：称取34.0g的磷酸二氢钾溶于500mL蒸馏水中，调节pH，用蒸馏水稀释至1000mL后贮存于冰箱<br>稀释液：取贮存液1.25mL，用蒸馏水稀释至1000mL，分装，121℃高压灭菌15min |
| 无菌生理盐水 | 氯化钠<br>蒸馏水 | 8.5g<br>1000mL | 称取8.5g氯化钠溶于1000mL蒸馏水中，121℃高压灭菌15min |

## 三、操作步骤

具体检验程序见图3-1。

### 1. 样品的稀释

（1）固体和半固体样品　称取25g样品置盛有225mL磷酸盐缓冲液或生理盐水的无菌均质杯内，8000 ～ 10000r/min均质1 ～ 2min，或放入盛有225mL稀释液的无菌均质袋中，用拍击式均质器（图3-2）拍打1 ～ 2min，制成1∶10的样品匀液。

笔记

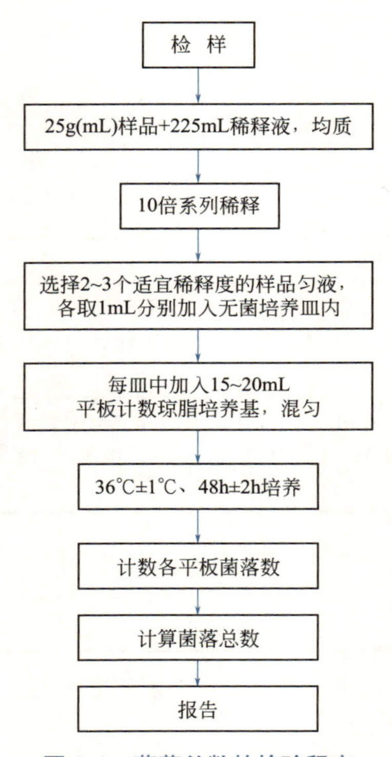


图 3-1　菌落总数的检验程序

图 3-2　拍击式均质器

（2）液体样品　以无菌吸管吸取 25mL 样品置盛有 225mL 磷酸盐缓冲液或生理盐水的无菌锥形瓶（瓶内预置适当数量的无菌玻璃珠）中，充分混匀，制成 1∶10 的样品匀液。

**注意**

如对含盐量较高的食品（如酱品）进行稀释，宜采用蒸馏水。

（3）用 1mL 无菌吸管或微量移液器吸取 1∶10 样品匀液 1mL，沿管壁缓慢注于盛有 9mL 稀释液的无菌试管中（注意吸管或吸头尖端不要触及稀释液面），振摇试管或换用 1 支无菌吸管反复吹打使其混合均匀，制成 1∶100 的样品匀液。按上述操作，依次制备 10 倍系列稀释样品匀液，如图 3-3 所示。

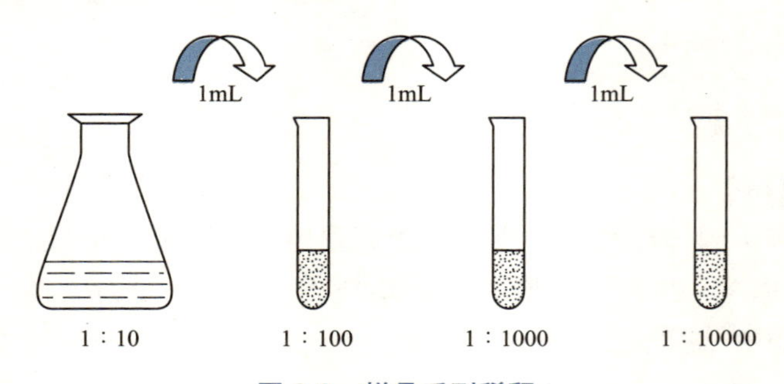


图 3-3　样品系列稀释

笔记

注意!!!

在递次稀释时，每一稀释液应充分振摇，使其均匀，同时每一稀释度应更换一支吸管。吸管或吸头尖端不要触及稀释液面，以免吸管外部黏附的检液溶于其内。

（4）根据对样品污染状况的估计，选择 2 ～ 3 个适宜稀释度的样品匀液（液体样品可包括原液），在进行 10 倍递增稀释时，吸取 1mL 样品匀液于无菌平皿内，每个稀释度做两个平皿。同时，分别吸取 1mL 空白稀释液加入两个无菌平皿内作空白对照（见图 3-4）。

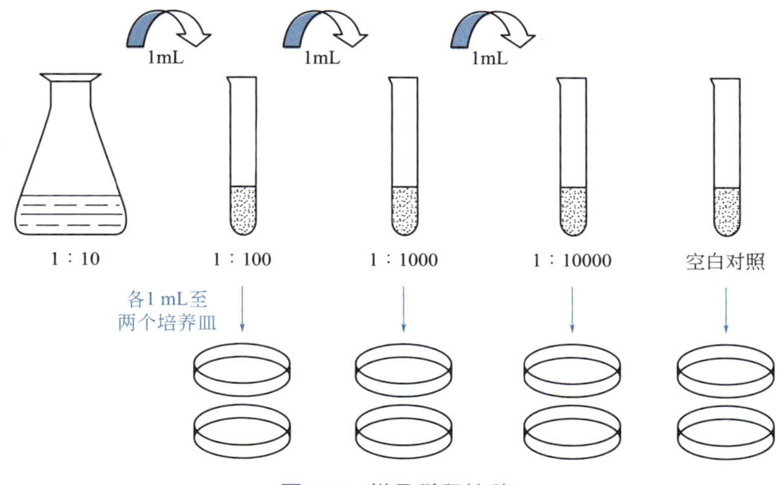


图 3-4　样品稀释接种

（5）及时将 15 ～ 20mL 冷却至 46℃的平板计数琼脂培养基（可放置于 46℃ ± 1℃恒温水浴箱中保温）倾注平皿，并转动平皿使其混合均匀。

注意!!!

培养基温度过高会造成菌体细胞死亡；过低琼脂不能与菌液充分混匀，细菌将不易分散。混合过程中应小心，不要使混合物溅到皿边的上方。

### 2. 培养

（1）待琼脂凝固后，将平板翻转，(36±1)℃培养（48±2)h。水产品（30±1)℃培养（72±3）h。

（2）如果样品中可能含有在琼脂培养基表面弥漫生长的菌落时，可在凝固后的琼脂表面覆盖一薄层琼脂培养基（约 4mL），凝固后翻转平板进行培养。

### 3. 菌落计数

可用肉眼观察，必要时用放大镜或菌落计数器，记录稀释倍数和相应的菌落数量。菌落计数以菌落形成单位（CFU）表示。

笔记

（1）选取菌落数在 30 ～ 300CFU 之间、无蔓延菌落生长的平板计数菌落总数。低于 30CFU 的平板记录具体菌落数，高于 300CFU 的可记录为“多不可计”。每个稀释度的菌落数应采用两个平板的平均数。

（2）其中一个平板有较大片状菌落生长时，则不宜采用，而应以无片状菌落生长的平板作为该稀释度的菌落数；若片状菌落不到平板的一半，而其余一半中菌落分布又很均匀，即可计算半个平板后乘以 2，代表一个平板菌落数。

（3）当平板上出现菌落间无明显界线的链状生长时，则将每条单链作为一个菌落计数。

### 4. 结果计算

（1）若只有一个稀释度平板上的菌落数在适宜计数范围内，计算两个平板菌落数的平均值，再将平均值乘以相应稀释倍数，作为 1g（mL）样品中菌落总数结果（见表 3-1 中例 1）。

（2）若有两个连续稀释度的平板菌落数在适宜计数范围内时，按式（3-1）计算（见表 3-1 中例 2、例 3）：

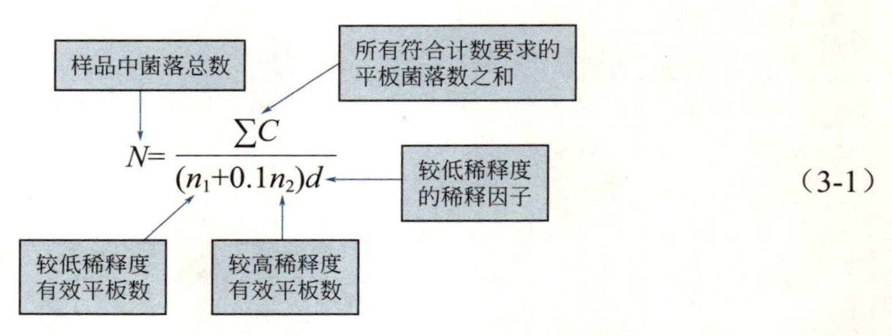


$$N=\frac{\sum C}{(n_1+0.1n_2)d} \quad (3\text{-}1)$$

（3）若所有稀释度的平板上菌落数均大于 300CFU，则对稀释度最高的平板进行计数，其他平板可记录为“多不可计”，结果按平均菌落数乘以最高稀释倍数计算（见表 3-1 中例 4）。

（4）若所有稀释度的平板菌落数均小于 30CFU，则应按稀释度最低的平均菌落数乘以稀释倍数计算（见表 3-1 中例 5）。

表3-1　菌落总数计数和报告方法

| 例 | 不同稀释度的菌落数 | | | 菌落总数计数 | 菌落总数报告（CFU/g 或 CFU/mL） |
|---|---|---|---|---|---|
| | $10^{-1}$ | $10^{-2}$ | $10^{-3}$ | | |
| 1 | 多不可计 | 163、165 | 16、17 | 16400 | 16000 或 $1.6\times10^4$ |
| 2 | 多不可计 | 232、244 | 33、35 | 24727 | 25000 或 $2.5\times10^4$ |
| 3 | 1721 | 284、305 | 38、30 | 29333 | 29000 或 $2.9\times10^4$ |
| 4 | 多不可计 | 多不可计 | 340、350 | 345000 | 350000 或 $3.5\times10^5$ |
| 5 | 26、28 | 2、1 | 0、0 | 270 | 270 或 $2.7\times10^2$ |
| 6 | 0、0 | 0、0 | 0、0 | ＜10 | ＜10 |
| 7 | 多不可计 | 336、338 | 27、29 | 28000 | 28000 或 $2.8\times10^4$ |

（5）若所有稀释度（包括液体样品原液）平板均无菌落生长，则以“小于 1”乘以最低稀释倍数计算（见表 3-1 中例 6）。

（6）若所有稀释度的平板菌落数均不在 30 ～ 300CFU 之间，其中一部分小于 30CFU，一部分大于 300CFU 时，则以最接近 30CFU 或 300CFU 的平均菌落数乘以稀释倍数计算（见表 3-1 中例 7）。

### 5. 报告

（1）菌落数小于 100CFU 时，按“四舍五入”原则修约，以整数报告。例：65.5 → 66。

（2）菌落数大于或等于 100CFU 时，第 3 位数字采用“四舍五入”原则修约后取前 2 位数字，后面用“0”代替位数；也可用 10 的指数形式来表示，按“四舍五入”原则修约后，采用两位有效数字。例：26400 修约后为 26000 或 $2.6\times10^{4}$。

（3）若所有平板上为蔓延菌落而无法计数，则报告菌落蔓延。

（4）若空白对照上有菌落生长，则此次检验结果无效。

（5）称重取样以 CFU/g 为单位报告，体积取样以 CFU/mL 为单位报告。

笔记

笔记

笔记

<table>
<tr><td colspan="11">操作记录</td></tr>
<tr><td colspan="11">实训名称：<br>班级： 姓名： 学号：</td></tr>
<tr><td colspan="11">培养基及试剂配制</td></tr>
<tr><td>时间</td><td>培养基（试剂）名称</td><td>成分 /g</td><td>蒸馏水 /L</td><td>pH 值</td><td>容量规格 /［mL/ 瓶（管）］</td><td>数量 / 瓶（管）</td><td>灭菌方式</td><td>灭菌温度 /℃</td><td>灭菌时间 /min</td><td>配制人</td></tr>
<tr><td></td><td></td><td></td><td></td><td></td><td></td><td></td><td></td><td></td><td></td><td></td></tr>
<tr><td></td><td></td><td></td><td></td><td></td><td></td><td></td><td></td><td></td><td></td><td></td></tr>
<tr><td></td><td></td><td></td><td></td><td></td><td></td><td></td><td></td><td></td><td></td><td></td></tr>
<tr><td></td><td></td><td></td><td></td><td></td><td></td><td></td><td></td><td></td><td></td><td></td></tr>
<tr><td colspan="11">检验记录单</td></tr>
<tr><td colspan="11">检测项目： 检测依据：<br>样品名称： 样品数量：<br>收样日期： 检测日期：<br>环境温度： 环境湿度：</td></tr>
<tr><td colspan="11">操作步骤及反思：</td></tr>
</table>

<table>
<tr><td colspan="6">观察结果 空白对照：___________</td></tr>
<tr><td colspan="3">各稀释度菌落数</td><td rowspan="2">结果报告</td><td rowspan="2">产品限量要求</td><td rowspan="2">单项判定</td></tr>
<tr><td></td><td></td><td></td></tr>
<tr><td></td><td></td><td></td><td></td><td></td><td></td></tr>
<tr><td colspan="6">计算过程：</td></tr>
<tr><td colspan="6">检测人： 复核人：</td></tr>
</table>

笔记

## 拓展训练

1. 食品中检出的菌落总数是否代表该食品上的所有细菌数？为什么？

2. 为什么平板计数琼脂培养基在使用前要保持在（46±1）℃左右？

3. 菌落总数计算练习

| 序号 | 各稀释度菌落数 | | | 检测结果 | 结果报告 CFU/g（CFU/mL） |
|---|---|---|---|---|---|
| | $10^{-2}$ | $10^{-3}$ | $10^{-4}$ | | |
| （1） | 无法计数 | 158、143 | 11、15 | | |
| （2） | 2800、2830 | 278、280 | 30、32 | | |
| （3） | 2760、3100 | 280、302 | 31、36 | | |
| （4） | 无法计数 | 无法计数 | 431、433 | | |
| （5） | 25、26 | 2、3 | 0、0 | | |
| （6） | 0、0 | 0、0 | 0、0 | | |
| （7） | 无法计数 | 305、307 | 15、16 | | |

## 任务评价

| 序号 | 评价项目 | 评价内容 | 分值 | 评分 |
|---|---|---|---|---|
| 1 | 自我评价 | 实训准备、实训过程及实训结果 | 20 | |
| 2 | 组内评价 | 完成任务的态度、能力、团队协作 | 20 | |
| 3 | 组间评价 | 环境卫生、结果报告、大局意识 | 15 | |
| 4 | 教师评价 | 学习态度、实训过程及实训报告 | 45 | |
| 合计 | | | 100 | |

自我评价与总结：

教师点评：

# 任务二

# 大肠菌群计数

## 知识准备

### 一、大肠菌群的概念

大肠菌群是一群在特定培养条件下能发酵乳糖、产酸、产气的需氧和兼性厌氧的革兰氏阴性无芽孢杆菌。

大肠菌群分布较广，多存在于温血动物粪便、人类经常活动的场所以及有粪便污染的地方。大肠菌群一般作为粪便污染指标菌评价食品质量安全，推断食品是否受到肠道致病菌的污染。

### 二、检验原理

MPN（most probable number，最大或然数，或称为最可能数）法是统计学和微生物学结合的一种定量检测法。待测样品经系列稀释并培养后，根据其未生长的最低稀释度与生长的最高稀释度，应用统计学概率论推算出待测样品中大肠菌群的最可能数。

平板计数法是利用大肠菌群在固体培养基中发酵乳糖产酸，在指示剂的作用下形成可计数的红色或紫色、带有或不带有沉淀环的菌落。

### 三、大肠菌群检验的意义

大肠菌群是粪便污染指标菌，主要以该菌群的检出情况来推断食品是否存在粪便污染。大肠菌群数的高低，表明了粪便污染的程度大小，也反映了对人体健康危害性的大小。粪便是人畜肠道的排泄物，除一般正常细菌外，同时也会有一些肠道致病菌存在（如大肠埃希氏菌、沙门氏菌等）。若食品被粪便污染，则可以推测该食品有被肠道致病菌污染的可能性，存在引起食物中毒和流行病等威胁人体健康的

笔记

隐患。因此，大肠菌群是评价食品安全的重要指标之一，目前已被国内外广泛应用于食品安全检验工作中。

### 四、适用范围

大肠菌群 MPN 计数法适用于大肠菌群含量较低的食品中大肠菌群的计数；大肠菌群平板计数法适用于大肠菌群含量较高的食品中大肠菌群的计数。

## 子任务一　大肠菌群 MPN 计数法

## 任务实施

### 一、设备与材料

| 项目 | 内容 |
|---|---|
| 设备 | 恒温培养箱（36℃ ±1℃）、冰箱（2 ～ 5℃）、恒温水浴箱（46℃ ±1℃）、天平（感量为 0.1g）、均质器、超净工作台、高压蒸汽灭菌锅、振荡器 |
| 材料 | 无菌吸管［10mL（具 0.1mL 刻度）］或微量移液器及吸头、无菌锥形瓶（容量 250mL、500mL）、无菌试管（18mm×180mm）、杜氏小管、精密 pH 试纸等 |

### 二、培养基与试剂

| 名称 | 成分 | 制法 |
|---|---|---|
| 月桂基硫酸盐胰蛋白胨（LST）肉汤 | 胰蛋白胨或胰酪胨 20.0g<br>氯化钠 5.0g<br>乳糖 5.0g<br>磷酸氢二钾（$K_2HPO_4$） 2.75g<br>磷酸二氢钾（$KH_2PO_4$） 2.75g<br>月桂基硫酸钠 0.1g<br>蒸馏水 1000mL<br>pH 6.8±0.2 | 将各成分溶解于蒸馏水中，调节 pH。分装到有玻璃小倒管的试管中，每管 10mL。121℃高压灭菌 15min |
| 煌绿乳糖胆盐（BGLB）肉汤 | 蛋白胨 10.0g<br>乳糖 10.0g<br>牛胆粉 20.0g<br>煌绿 0.0133g<br>蒸馏水 1000mL<br>pH 7.2±0.1 | 将各成分溶解于蒸馏水中，调节 pH。分装到有玻璃小倒管的试管中，每管 10mL。121℃高压灭菌 15min |

续表

| 名称 | 成分 | 制法 |
| --- | --- | --- |
| 磷酸盐缓冲液 | 磷酸二氢钾（$KH_2PO_4$） 34.0g<br>蒸馏水 500mL | 贮存液：称取34.0g的磷酸二氢钾溶于500mL蒸馏水中，调节pH，用蒸馏水稀释至1000mL后贮存于冰箱<br>稀释液：取贮存液1.25mL，用蒸馏水稀释至1000mL，分装于适宜容器中，121℃高压灭菌15min |
| 无菌生理盐水 | 氯化钠 8.5g<br>蒸馏水 1000mL | 称取8.5g氯化钠溶于1000mL蒸馏水中，121℃高压灭菌15min |
| 1mol/L NaOH | NaOH 40.0g<br>蒸馏水 1000mL | 称取40.0g氢氧化钠溶于1000mL蒸馏水中，121℃高压灭菌15min |
| 1mol/L HCl | HCl 90mL<br>蒸馏水 1000mL | 移取浓盐酸90mL，用蒸馏水稀释至1000mL，121℃高压灭菌15min |

## 三、操作步骤

具体检验程序见图3-5。

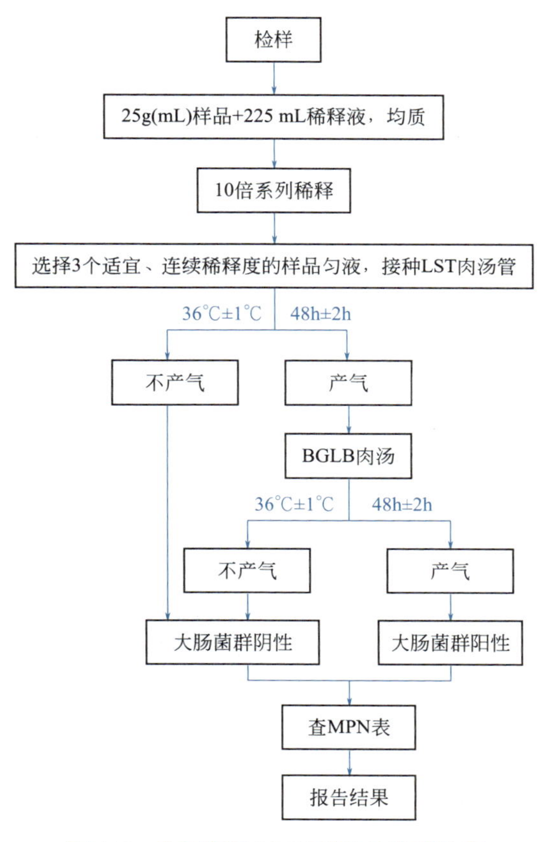


图3-5　大肠菌群MPN计数法检验流程

笔记

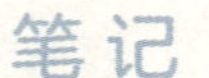

### 1. 样品稀释

（1）固体和半固体样品　称取 25g 样品，放入盛有 225mL 磷酸盐缓冲液或生理盐水的无菌均质杯内，8000 ～ 10000 r/min 均质 1 ～ 2min，或放入盛有 225mL 磷酸盐缓冲液或生理盐水的无菌均质袋中，用拍击式均质器拍打 1 ～ 2min，制成 1∶10 的样品匀液。

（2）液体样品　以无菌吸管吸取 25mL 样品置盛有 225mL 磷酸盐缓冲液或生理盐水的无菌锥形瓶（瓶内预置适当数量的无菌玻璃珠）中，充分混匀，制成 1∶10 的样品匀液。

（3）样品匀液的 pH 值应在 6.5 ～ 7.5 之间，必要时分别用 1 mol/L NaOH 或 1mol/L HCl 调节。

（4）用 1mL 无菌吸管或微量移液器吸取 1∶10 样品匀液 1mL，沿管壁缓缓注入 9mL 磷酸盐缓冲液或生理盐水的无菌试管中（注意吸管或吸头尖端不要触及稀释液面），振摇试管或换用 1 支 1mL 无菌吸管反复吹打，使其混合均匀，制成 1∶100 的样品匀液。

（5）根据对样品污染状况的估计，按上述操作，依次制成 10 倍递增系列稀释样品匀液。每递增稀释 1 次，换用 1 支 1mL 无菌吸管或吸头。从制备样品匀液至样品接种完毕，全过程不得超过 15min。

### 2. 初发酵试验

每个样品，选择 3 个适宜的连续稀释度的样品匀液（液体样品可以选择原液），每个稀释度接种 3 管月桂基硫酸盐胰蛋白胨（LST）肉汤，每管接种 1mL（如接种量超过 1mL，则用双料 LST 肉汤），36℃ ±1℃培养 24h±2h，观察倒管内是否有气泡产生（如图 3-6）。24h±2h 产气者进行复发酵试验，如未产气则继续培养至 48h±2h，产气者进行复发酵试验。未产气者为大肠菌群阴性。

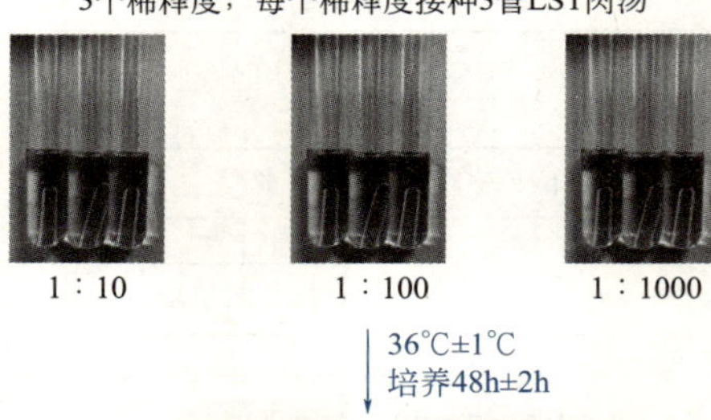

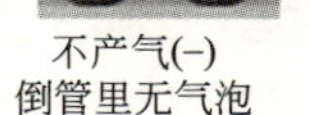


**图 3-6　大肠菌群 MPN 计数法初发酵实验图示**

### 3. 复发酵试验

用接种环从产气的 LST 肉汤管中分别取培养物 1 环，移种于煌绿乳糖胆盐

笔记

（BGLB）肉汤管中，36℃ ±1℃培养 48h±2h，观察产气情况（见图 3-7）。产气者，计为大肠菌群阳性。

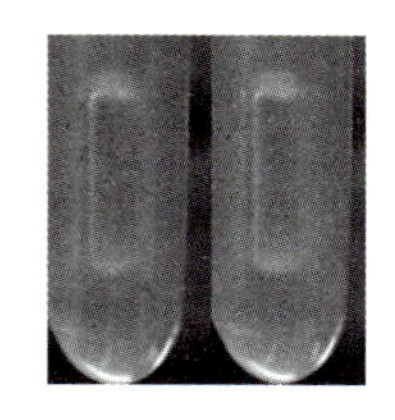

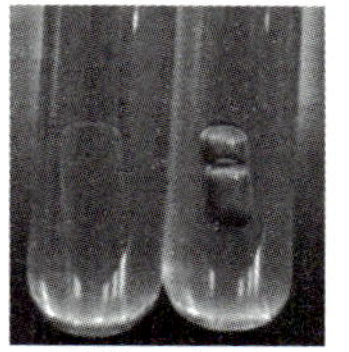

阴性　阳性

图 3-7　大肠菌群 MPN 计数法复发酵实验图示

### 4. 大肠菌群最可能数（MPN）的报告

按大肠菌群复发酵实验的阳性管数，检索 MPN 表（见表 3-2），报告 1g（mL）样品中大肠菌群的 MPN 值。

表3-2　大肠菌群最可能数（MPN）检索表

| 阳性管数 | | | MPN | 95% 可信限 | | 阳性管数 | | | MPN | 95% 可信限 | |
|---|---|---|---|---|---|---|---|---|---|---|---|
| 0.1 | 0.01 | 0.001 | | 下限 | 上限 | 0.1 | 0.01 | 0.001 | | 下限 | 上限 |
| 0 | 0 | 0 | <3.0 | — | 9.5 | 2 | 2 | 0 | 21 | 4.5 | 42 |
| 0 | 0 | 1 | 3.0 | 0.15 | 9.6 | 2 | 2 | 1 | 28 | 8.7 | 94 |
| 0 | 1 | 0 | 3.0 | 0.15 | 11 | 2 | 2 | 2 | 35 | 8.7 | 94 |
| 0 | 1 | 1 | 6.1 | 1.2 | 18 | 2 | 3 | 0 | 29 | 8.7 | 94 |
| 0 | 2 | 0 | 6.2 | 1.2 | 18 | 2 | 3 | 1 | 36 | 8.7 | 94 |
| 0 | 3 | 0 | 9.4 | 3.6 | 38 | 3 | 0 | 0 | 23 | 4.6 | 94 |
| 1 | 0 | 0 | 3.6 | 0.17 | 18 | 3 | 0 | 1 | 38 | 8.7 | 110 |
| 1 | 0 | 1 | 7.2 | 1.3 | 18 | 3 | 0 | 2 | 64 | 17 | 180 |
| 1 | 0 | 2 | 11 | 3.6 | 38 | 3 | 1 | 0 | 43 | 9 | 180 |
| 1 | 1 | 0 | 7.4 | 1.3 | 20 | 3 | 1 | 1 | 75 | 17 | 200 |
| 1 | 1 | 1 | 11 | 3.6 | 38 | 3 | 1 | 2 | 120 | 37 | 420 |
| 1 | 2 | 0 | 11 | 3.6 | 42 | 3 | 1 | 3 | 160 | 40 | 420 |
| 1 | 2 | 1 | 15 | 4.5 | 42 | 3 | 2 | 0 | 93 | 18 | 420 |
| 1 | 3 | 0 | 16 | 4.5 | 42 | 3 | 2 | 1 | 150 | 37 | 420 |
| 2 | 0 | 0 | 9.2 | 1.4 | 38 | 3 | 2 | 2 | 210 | 40 | 430 |
| 2 | 0 | 1 | 14 | 3.6 | 42 | 3 | 2 | 3 | 290 | 90 | 1000 |
| 2 | 0 | 2 | 20 | 4.5 | 42 | 3 | 3 | 0 | 240 | 42 | 1000 |
| 2 | 1 | 0 | 15 | 3.7 | 42 | 3 | 3 | 1 | 460 | 90 | 2000 |
| 2 | 1 | 1 | 20 | 4.5 | 42 | 3 | 3 | 2 | 1100 | 180 | 4100 |
| 2 | 1 | 2 | 27 | 8.7 | 94 | 3 | 3 | 3 | >1100 | 420 | — |

注：1. 本表采用 3 个稀释度［0.1g(mL)、0.01g(mL) 和 0.001g(mL)］，每个稀释度接种 3 管。

2. 表内所列检样量如改用 1g(mL)、0.1g(mL) 和 0.01g(mL) 时，表内数据应相应缩小 10 倍；如改用 0.01g（mL）、0.001g（mL）、0.0001g（mL）时，则表内数据应相应增大 10 倍，其余类推。

笔记

## 实训报告

笔记

<table>
<tr><th colspan="11">操作记录</th></tr>
<tr><td colspan="11">实训名称：<br>班级：　　　　　　姓名：　　　　　　学号：</td></tr>
<tr><th colspan="11">培养基及试剂配制</th></tr>
<tr><td>时间</td><td>培养基（试剂）名称</td><td>成分 /g</td><td>蒸馏水 /L</td><td>pH 值</td><td>容量规格 /［mL/ 瓶（管）］</td><td>数量 / 瓶（管）</td><td>灭菌方式</td><td>灭菌温度 /℃</td><td>灭菌时间 /min</td><td>配制人</td></tr>
<tr><td></td><td></td><td></td><td></td><td></td><td></td><td></td><td></td><td></td><td></td><td></td></tr>
<tr><td></td><td></td><td></td><td></td><td></td><td></td><td></td><td></td><td></td><td></td><td></td></tr>
<tr><td></td><td></td><td></td><td></td><td></td><td></td><td></td><td></td><td></td><td></td><td></td></tr>
<tr><td></td><td></td><td></td><td></td><td></td><td></td><td></td><td></td><td></td><td></td><td></td></tr>
<tr><th colspan="11">检验记录单</th></tr>
<tr><td colspan="11">检测项目：　　　　　　检测依据：<br>样品名称：　　　　　　样品数量：<br>收样日期：　　　　　　检测日期：</td></tr>
<tr><td colspan="11">操作步骤及反思：</td></tr>
<tr><th colspan="11">观察结果</th></tr>
<tr><td colspan="2">稀释度</td><td colspan="3"></td><td colspan="3"></td><td colspan="3"></td></tr>
<tr><td colspan="2">初发酵结果（阳性管数）</td><td colspan="3"></td><td colspan="3"></td><td colspan="3"></td></tr>
<tr><td colspan="2">复发酵结果（阳性管数）</td><td colspan="3"></td><td colspan="3"></td><td colspan="3"></td></tr>
<tr><td colspan="2">查 MPN 表报告结果</td><td colspan="9"></td></tr>
<tr><td colspan="2">产品限量要求</td><td colspan="4"></td><td colspan="2">单项判定</td><td colspan="3"></td></tr>
<tr><td colspan="11">计算过程：</td></tr>
<tr><td colspan="11">检测人：　　　　　　复核人：</td></tr>
</table>

笔记

**拓展训练**

1. 在发酵试验中，若发现发酵倒管内存在极微小的气泡，这种情况可否算作产气阳性？

2. 所有发酵管均为阴性反应时，检验结果可否报告为“0”？

**任务评价**

| 序号 | 评价项目 | 评价内容 | 分值 | 评分 |
|---|---|---|---|---|
| 1 | 自我评价 | 实训准备、实训过程及实训结果 | 20 | |
| 2 | 组内评价 | 完成任务的态度、能力、团队协作 | 20 | |
| 3 | 组间评价 | 环境卫生、结果报告、大局意识 | 15 | |
| 4 | 教师评价 | 学习态度、实训过程及实训报告 | 45 | |
| 合计 | | | 100 | |

自我评价与总结：

教师点评：

# 子任务二　大肠菌群平板计数法

## 任务实施

### 一、设备与材料

| 项目 | 内容 |
|---|---|
| 设备 | 恒温培养箱（36℃ ±1℃）、冰箱（2 ～ 5℃）、恒温水浴箱（46℃ ±1℃）、天平（感量为 0.1g）、均质器、超净工作台、高压蒸汽灭菌锅、振荡器 |
| 材料 | 无菌吸管［10mL（具 0.1mL 刻度）］或微量移液器及吸头、无菌锥形瓶（容量 250mL、500mL）、无菌试管（18mm×180mm）、无菌培养皿（90mm）、杜氏小管、精密 pH 试纸等 |

### 二、培养基与试剂

| 名称 | 成分 | | 制法 |
|---|---|---|---|
| 结晶紫中性红胆盐琼脂（VRBA） | 蛋白胨<br>酵母膏<br>乳糖<br>氯化钠<br>胆盐或 3 号胆盐<br>中性红<br>结晶紫<br>琼脂<br>蒸馏水<br>pH | 7.0g<br>3.0g<br>10.0g<br>5.0g<br>1.5g<br>0.03g<br>0.002g<br>15 ～ 18g<br>1000mL<br>7.4±0.1 | 将各成分溶于蒸馏水中，静置几分钟，充分搅拌，调节 pH。煮沸 2min，将培养基冷却至 45 ～ 50℃倾注平板。使用前临时制备，不得超过 3h |
| 其他培养基和试剂的配制方法同子任务一。 | | | |

### 三、操作步骤

具体检验程序见图 3-8。

#### 1. 样品稀释

（1）固体和半固体样品　称取 25g 样品，放入盛有 225mL 磷酸盐缓冲液或生理盐水的无菌均质杯内，8000 ～ 10000 r/min 均质 1 ～ 2min，或放入盛有 225mL 磷酸盐缓冲液或生理盐水的无菌均质袋中，用拍击式均质器拍打 1 ～ 2min，制成 1∶10 的样品匀液。

笔记

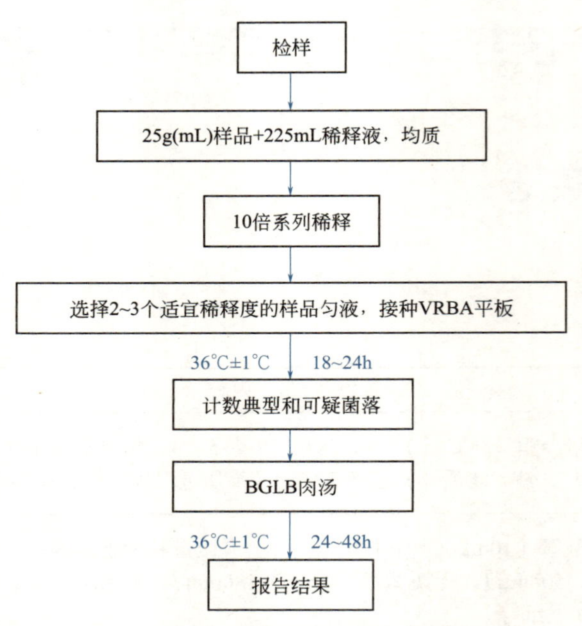


图 3-8　大肠菌群平板计数法检验程序

（2）液体样品　以无菌吸管吸取 25mL 样品置盛有 225mL 磷酸盐缓冲液或生理盐水的无菌锥形瓶（瓶内预置适当数量的无菌玻璃珠）中，充分混匀，制成 1∶10 的样品匀液。

（3）样品匀液的 pH 值应在 6.5 ～ 7.5 之间，必要时分别用 1mol/L NaOH 或 1mol/L HCl 调节。

（4）用 1mL 无菌吸管或微量移液器吸取 1∶10 样品匀液 1mL，沿管壁缓缓注入 9mL 磷酸盐缓冲液或生理盐水的无菌试管中（注意吸管或吸头尖端不要触及稀释液面），振摇试管或换用 1 支 1mL 无菌吸管反复吹打，使其混合均匀，制成 1∶100 的样品匀液。

（5）根据对样品污染状况的估计，按上述操作，依次制成 10 倍递增系列稀释样品匀液。每递增稀释 1 次，换用 1 支 1mL 无菌吸管或吸头。从制备样品匀液至样品接种完毕，全过程不得超过 15min。

### 2. 平板接种

（1）选取 2 ～ 3 个适宜的连续稀释度，每个稀释度接种 2 个无菌平皿，每皿 1mL。同时取 1mL 稀释液加入无菌平皿作空白对照。

（2）及时将 15 ～ 20mL 冷却至 46℃的结晶紫中性红胆盐琼脂（VRBA）倾注于平皿中。小心旋转平皿，将培养基与样液充分混匀，待琼脂凝固后，再加 3 ～ 4mL VRBA 覆盖平板表层。翻转平板，置于 36℃ ±1℃培养 18 ～ 24h。

### 3. 平板菌落数的选择

选取菌落数在 15 ～ 150CFU 之间的平板，分别计数平板上出现的典型和可疑大肠菌群菌落。典型菌落为紫红色，菌落周围有红色的胆盐沉淀环，菌落直径为 0.5mm 或更大，最低稀释度平板低于 15CFU 的记录具体菌落数。

### 4. 证实试验

从 VRBA 平板上挑取 10 个不同类型的典型和可疑菌落，少于 10 个菌落的挑取全部典型和可疑菌落。分别移种于 BGLB 肉汤管内，具体操作过程如图 3-9 所示。36℃ ±1℃培养 24 ～ 48h，观察产气情况。凡 BGLB 肉汤管产气，即可报告为大肠菌群阳性。

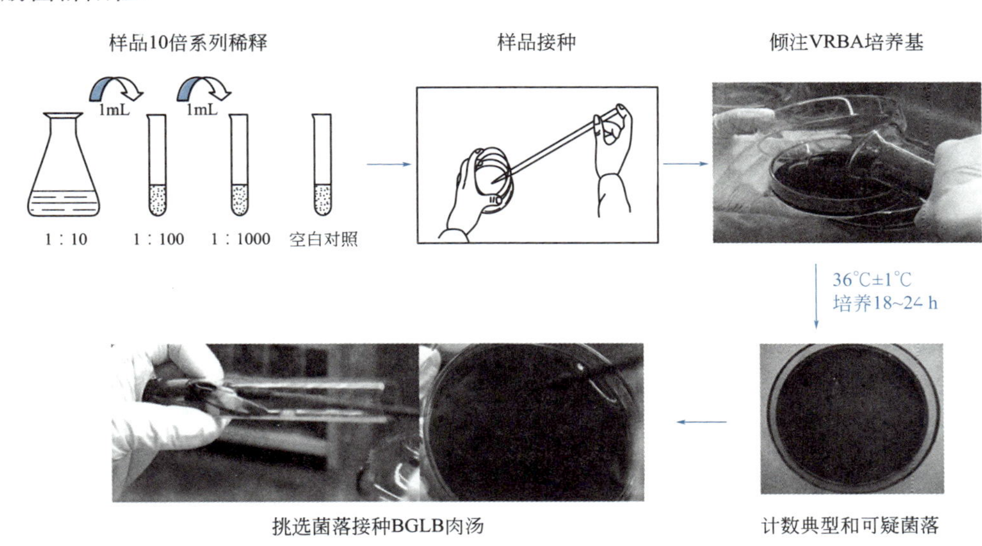


图 3-9 大肠菌群平板计数法操作图示

### 5. 大肠菌群平板计数的报告

将经最后证实为大肠菌群阳性的试管比例乘以用于证实试验的平板菌落数，再乘以稀释倍数，即为 1g（mL）样品中大肠菌群数。例：$10^{-3}$ 样品稀释液 1mL，在 VRBA 平板上有 63 个典型和可疑菌落，挑取其中 10 个接种 BGLB 肉汤管，证实有 6 个阳性管，则该样品的大肠菌群数为：$63\times\frac{6}{10}\times10^{3}$/g（mL）=$3.8\times10^{4}$CFU/g（CFU/mL）。若所有稀释度（包括液体样品原液）平板均无菌落生长，或 BGLB 肉汤管均为阴性，则以“小于 1”乘以最低稀释倍数计算。

笔记

# 实训报告

笔记

**操作记录**

实训名称：

班级：　　　　姓名：　　　　学号：

**培养基及试剂配制**

| 时间 | 培养基（试剂）名称 | 成分 /g | 蒸馏水 /L | pH 值 | 容量规格 /［mL/ 瓶（管）］ | 数量 / 瓶（管） | 灭菌方式 | 灭菌温度 /℃ | 灭菌时间 /min | 配制人 |
|---|---|---|---|---|---|---|---|---|---|---|
| | | | | | | | | | | |
| | | | | | | | | | | |
| | | | | | | | | | | |
| | | | | | | | | | | |

**检验记录单**

检测项目：　　　　检测依据：

样品名称：　　　　样品数量：

收样日期：　　　　检测日期：

操作步骤及反思：

**观察结果**　　　　空白：__________

| 各稀释度典型菌落数 | | | 证实阳性管数 | 结果报告 | 产品限量要求 | 单项判定 |
|---|---|---|---|---|---|---|
| | | | | | | |
| | | | | | | |

计算过程：

检测人：　　　　复核人：

笔记

**拓展训练**

1. VRBA 培养基中各成分的作用是什么？

2. VRBA 培养基倾注摇匀后，待琼脂凝固后，再在表面覆盖一薄层的作用是什么？

**任务评价**

| 序号 | 评价项目 | 评价内容 | 分值 | 评分 |
| --- | --- | --- | --- | --- |
| 1 | 自我评价 | 实训准备、实训过程及实训结果 | 20 | |
| 2 | 组内评价 | 完成任务的态度、能力、团队协作 | 20 | |
| 3 | 组间评价 | 环境卫生、结果报告、大局意识 | 15 | |
| 4 | 教师评价 | 学习态度、实训过程及实训报告 | 45 | |
| 合计 | | | 100 | |

自我评价与总结：

教师点评：

任务三

# 霉菌和酵母计数

## 知识准备

### 一、霉菌

霉菌是形成分枝菌丝的真菌的统称。霉菌菌落形态较大，质地疏松，外观干燥、不透明。菌落和培养基间的连接较紧密，一般不易挑取，菌落正面与反面以及边缘与中心的颜色、构造常不一致。

### 二、酵母菌

酵母菌是一种单细胞真菌，在有氧和无氧环境下都能生存，属于兼性厌氧菌。在自然界分布广泛，主要生长在偏酸性的潮湿的含糖环境中，如水果或者植物分泌物。

### 三、霉菌、酵母菌检验的意义

霉菌和酵母菌也是造成食品腐败变质的主要原因。它们在食品中生长繁殖，会使食品失去色、香、味。例如，酵母菌在新鲜的和加工的液体食品中繁殖，会使其变混浊、产生气泡、形成薄膜、改变颜色并产生难闻的气味等。

由于霉菌和酵母菌生菌长缓慢且竞争能力不强，故常常在不适于细菌生长的食品中出现，如pH低、含糖和含盐量高的食品，低温贮藏的食品，含有抗菌素的食品等。有些霉菌的生长能转化食品中某些不利于细菌生长的物质，从而促进致病细菌的生长；有些霉菌能在食品中产生有毒代谢产物，即霉菌毒素。

因此霉菌和酵母菌也作为评价食品质量安全的指示菌，并以霉菌和酵母菌计数来表示食品被污染的程度。目前，我国已制订了一些食品中霉菌和酵母菌的限量标准。

# 任务实施

## 一、设备与材料

| 项目 | 内容 |
| --- | --- |
| 设备 | 恒温培养箱（28℃ ±1℃）、冰箱（2 ～ 5℃）、恒温水浴箱（46℃ ±1℃）、天平（感量为 0.1g）、均质器、超净工作台、高压蒸汽灭菌锅 |
| 材料 | 无菌吸管［1mL（具 0.01mL 刻度）、10mL（具 0.1mL 刻度）］或微量移液器及吸头、无菌锥形瓶（容量 250mL、500mL）、无菌培养皿（直径 90mm）、无菌试管（18mm×180mm）、无菌均质袋 |

## 二、培养基与试剂

| 名称 | 成分 | 制法 |
| --- | --- | --- |
| 马铃薯葡萄糖琼脂培养基 | 马铃薯 300g<br>葡萄糖 20.0g<br>琼脂 20.0g<br>氯霉素 0.1g<br>蒸馏水 1000mL<br>pH 5.8±0.2 | 将马铃薯去皮切块，加 1000mL 蒸馏水，煮沸 10 ～ 20min。用纱布过滤，补加蒸馏水至 1000mL<br>加入葡萄糖和琼脂，加热溶化，分装后，121℃灭菌 20min。倾注平板前，用少量乙醇溶解氯霉素加入培养基中 |
| 孟加拉红培养基 | 蛋白胨 5.0g<br>葡萄糖 10.0g<br>磷酸二氢钾 1.0g<br>硫酸镁（无水） 0.5g<br>琼脂 20.0g<br>孟加拉红 0.033g<br>氯霉素 0.1g<br>蒸馏水 1000mL | 将各成分加入蒸馏水中，加热溶化，补足蒸馏水至 1000mL，分装后，121℃灭菌 20min。倾注平板前，用少量乙醇溶解氯霉素加入培养基中 |

## 三、操作步骤

具体检验程序见图 3-10。

### 1. 样品的稀释

（1）固体和半固体样品　称取 25g 样品，加入 225mL 无菌稀释液（蒸馏水或生理盐水或磷酸盐缓冲液），充分振摇，或用拍击式均质器拍打 1 ～ 2min，制成 1∶10 的样品匀液。

（2）液体样品　以无菌吸管吸取 25mL 样品至盛有 225mL 无菌稀释液的锥形瓶内或无菌均质袋中，充分混匀，制成 1∶10 的样品匀液。

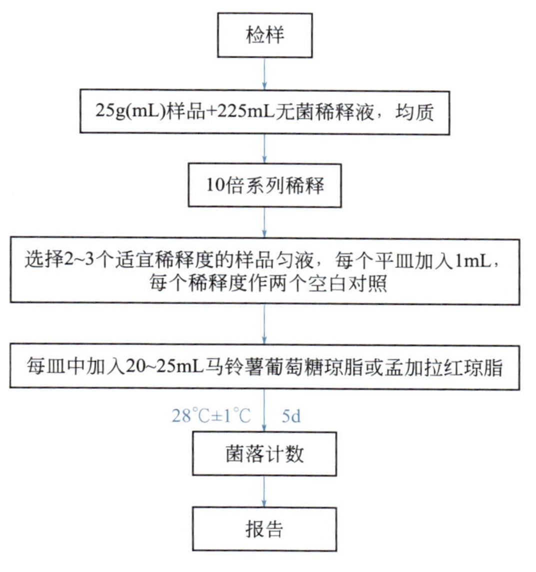


图 3-10　霉菌和酵母计数程序

（3）取 1mL 1∶10 稀释液注入含有 9mL 无菌稀释液的试管中，另换一支 1mL 无菌吸管反复吹吸，此液为 1∶100 稀释液。

（4）按如上操作，制备 10 倍系列稀释样品匀液。每递增稀释一次，换用 1 支 1mL 无菌吸管或吸头。

（5）根据对样品污染状况的估计，选择 2 ～ 3 个适宜稀释度的样品匀液（液体样品可包括原液），在进行 10 倍递增稀释的同时，每个稀释度分别吸取 1mL 样品匀液于 2 个无菌平皿内。同时分别取 1mL 样品稀释液加入 2 个无菌平皿作空白对照。

（6）及时将 20 ～ 25mL 冷却至 46℃的马铃薯葡萄糖琼脂或孟加拉红培养基（可放置于 46℃ ±1℃恒温水浴箱中保温）倾注平皿（见图 3-11），并转动平皿使其混合均匀。

图 3-11　倒平板示意图

**注意 !!!**

混合过程中应小心，不要使混合物溅到皿边的上方。

笔记

笔记

### 2. 培养

待琼脂凝固后，正置平板，28℃ ±1℃培养 5d，观察并记录。

### 3. 菌落计数

肉眼观察，必要时可用放大镜，记录稀释倍数和相应的霉菌和酵母菌数。以菌落形成单位表示。

选取菌落数在 10 ～ 150CFU 的平板，根据菌落形态分别计数霉菌和酵母菌。霉菌蔓延生长覆盖整个平板的可记录为“多不可计”。菌落数应采用两个平板的平均数。

### 4. 结果判定

（1）若有一个稀释度平板上的菌落数在适宜范围内，则计算两个平板菌落数的平均值，再将平均值乘以相应稀释倍数计算。

（2）若有两个稀释度平板上菌落数均在 10 ～ 150CFU 之间，则按照式（3-1）进行计算。

（3）若所有平板上菌落数均大于 150CFU，则对稀释度最高的平板进行计数，其他平板可记录为“多不可计”，结果按平均菌落数乘以最高稀释倍数计算。

（4）若所有平板上菌落数均小于 10CFU，则应按稀释度最低的平均菌落数乘以稀释倍数计算。

（5）若所有稀释度（包括液体样品原液）平板均无菌落生长，则以“小于 1”乘以最低稀释倍数计算。

（6）若所有稀释度的平板菌落数均不在 10 ～ 150CFU 之间，其中一部分小于 10CFU，一部分大于 150CFU 时，则以最接近 10CFU 或 150CFU 的平均菌落数乘以稀释倍数计算。

### 5. 报告

称重取样以 CFU/g 为单位报告，体积取样以 CFU/mL 为单位报告，报告或分别报告霉菌和 / 或酵母菌数。

# 实训报告

笔记

**操作记录**

实训名称：

班级： 姓名： 学号：

**培养基及试剂配制**

| 时间 | 培养基（试剂）名称 | 成分 /g | 蒸馏水 /L | pH 值 | 容量规格 /［mL/ 瓶（管）］ | 数量 / 瓶（管） | 灭菌方式 | 灭菌温度 /℃ | 灭菌时间 /min | 配制人 |
|---|---|---|---|---|---|---|---|---|---|---|
| | | | | | | | | | | |
| | | | | | | | | | | |
| | | | | | | | | | | |
| | | | | | | | | | | |

**检验记录单**

检测项目： 检测依据：

样品名称： 样品数量：

收样日期： 检测日期：

操作步骤及反思：

**观察结果** 空白对照：__________

| 各稀释度菌落数 | | | 结果报告 | 产品限量要求 | 单项判定 |
|---|---|---|---|---|---|
| | | | | | |
| | | | | | |

计算过程：

检测人： 复核人：

笔记

| 拓展训练 | | | | |
|---|---|---|---|---|
| 1. 霉菌菌落计数时应注意哪些问题？ | | | | |
| | | | | |
| 2. 霉菌、酵母菌计数和菌落总数测定有什么相同和不同之处？ | | | | |
| | | | | |
| 3. 说明马铃薯葡萄糖琼脂培养基和孟加拉红培养基中添加氯霉素的作用。 | | | | |
| | | | | |
| **任务评价** | | | | |
| 序号 | 评价项目 | 评价内容 | 分值 | 评分 |
| 1 | 自我评价 | 实训准备、实训过程及实训结果 | 20 | |
| 2 | 组内评价 | 完成任务的态度、能力、团队协作 | 20 | |
| 3 | 组间评价 | 环境卫生、结果报告、大局意识 | 15 | |
| 4 | 教师评价 | 学习态度、实训过程及实训报告 | 45 | |
| 合计 | | | 100 | |
| 自我评价与总结： | | | | |
| 教师点评： | | | | |

# 任务四

# 商业无菌检验

## 知识准备

### 一、商业无菌及相关概念

#### 1. 商业无菌

食品经过适度的杀菌后，不含有致病性微生物，也不含有在通常温度下能在其中繁殖的非致病性微生物。这种状态叫做商业无菌。

#### 2. 低酸性罐藏食品

除酒精饮料以外，凡杀菌后平衡 pH 大于 4.6，水分活度大于 0.85 的罐藏食品，原来是低酸性的水果、蔬菜或蔬菜制品，为加热杀菌的需要而加酸降低 pH 的，属于酸化的低酸性罐藏食品。

#### 3. 酸性罐藏食品

杀菌后平衡 pH 小于或等于 4.6 的罐藏食品。pH 小于 4.7 的番茄、梨和菠萝以及由其制成的汁，以及 pH 小于 4.9 的无花果均属于酸性罐藏食品。

#### 4. 密封

食品容器经密闭后能阻止微生物进入的状态。

#### 5. 胖听

由于罐头内微生物活动或化学作用产生气体，形成正压，使一端或两端外凸的现象。

#### 6. 泄漏

罐头密封结构有缺陷，或由于撞击而破坏密封，或管壁腐蚀而穿孔致使微生物浸入的现象。

笔记

## 二、罐头食品微生物的来源

### 1. 杀菌不彻底致罐头内残留微生物

为了保持罐头食品正常的营养价值和感官性状，加工过程的加热杀菌环节，只强调杀死病原菌和产毒菌，不能使罐头食品完全无菌，实质上只是达到商业灭菌程度。罐内残留的未被杀死的耐热性芽孢和一些非致病性微生物，在一定的保存期限内，一般不会生长繁殖，不会引起食品腐败变质，但是一旦罐内条件或贮存条件发生改变，有利于这部分微生物生长繁殖时，就会造成罐头变质。

### 2. 杀菌后发生漏罐

罐头经杀菌后，若封罐不严，则容易造成漏罐致使微生物污染。冷却水是造成漏罐污染的重要污染源，罐头经热处理后需要通过冷却水进行冷却，冷却水中的微生物就有可能通过漏罐处而进入罐内；空气也是造成漏罐污染的污染源，空气通过漏罐处进入罐内，使氧含量升高，致使各种微生物生长繁殖，从而导致内容物 pH 值下降，严重的会出现感官变化。

# 任务实施

## 一、设备与材料

| 项目 | 内容 |
| --- | --- |
| 设备 | 恒温培养箱（30℃ ±1℃、36℃ ±1℃、55℃ ±1℃）、冰箱（2～5℃）、恒温水浴箱（55℃ ±1℃）、天平、均质器、超净工作台、电位 pH 计（精确度 0.05pH 单位）、显微镜 |
| 材料 | 开罐器和罐头打孔器 |

## 二、培养基与试剂

| 名称 | 成分 | 制法 |
| --- | --- | --- |
| 无菌生理盐水 | 氯化钠 8.5g<br>蒸馏水 1000mL | 称取 8.5g 氯化钠溶于 1000mL 蒸馏水中，121℃高压灭菌 15min |
| 结晶紫染色液 | 结晶紫 1.0g<br>95% 乙醇 20mL<br>1% 草酸铵溶液 80mL | 将 1.0g 结晶紫完全溶解于 95% 乙醇中，再与 1% 草酸铵溶液混合 |
| 含 4% 碘的乙醇溶液 | 碘 4.0g<br>70% 乙醇 100mL | 4g 碘溶于 100mL 的 70% 乙醇溶液 |

## 三、操作步骤

笔 记

具体检验程序见图 3-12。

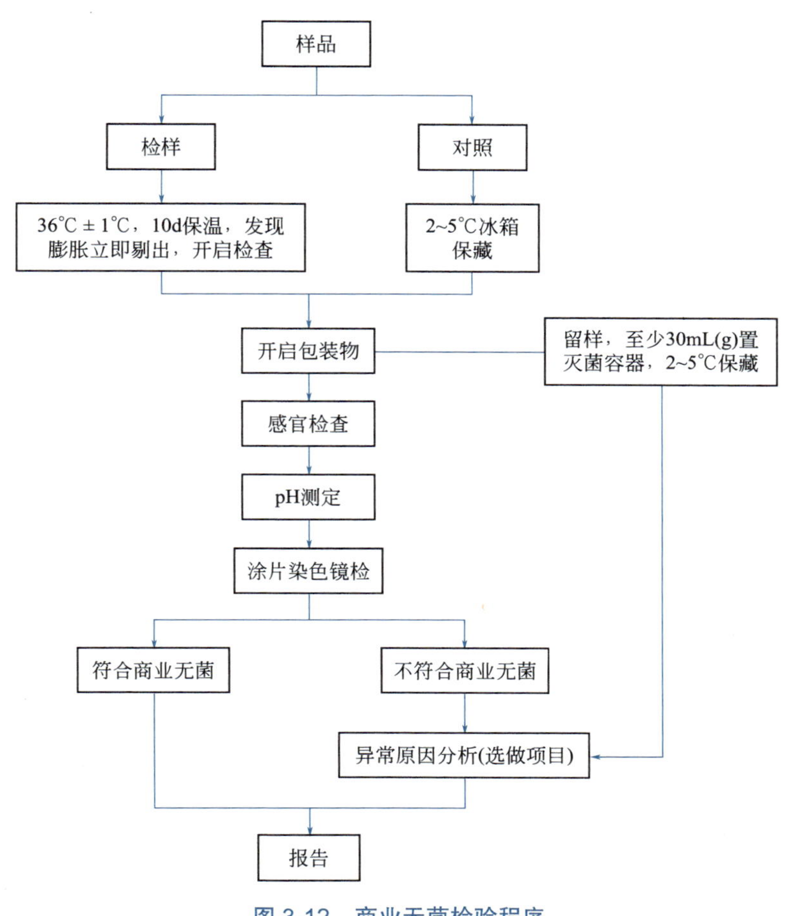


图 3-12　商业无菌检验程序

### 1. 样品准备

去除表面标签，在包装容器表面用防水的油性记号笔做好标记，并记录容器、编号、产品性状、泄漏情况，是否有小孔或锈蚀、压痕、膨胀及其他异常情况。

### 2. 称重

用台秤或电子天平称重，1kg 及以下的包装物精确到 1g，1kg 以上的包装物精确到 2g，10kg 以上的包装物精确到 10g。

### 3. 保温

（1）每个批次取 1 个样品置 2 ～ 5℃冰箱保存作为对照（总罐数），将其余样品在 36℃ ±1℃下保温 10d。保温过程中应每天检查，如有膨胀或泄漏现象，应立即剔出，开启检查，以防爆炸；其余的继续保温。

（2）保温结束时，再次称重并记录，比较保温前后样品重量有无变化。如有变轻，说明样品发生泄漏。将所有包装物置于室温直至开启检查。

笔记

### 4. 开启

（1）膨胀的样品，先置于 2 ～ 5℃冰箱内冷藏数小时后开启。

（2）用冷水和洗涤剂清洗待检样品的光滑面，清洗后用无菌毛巾擦干。以含 4% 碘的乙醇溶液浸泡消毒光滑面 20 ～ 30min 后用无菌毛巾擦干。

（3）在超净工作台中开启。带汤汁的样品开启前应适当振摇。使用无菌开罐器（图 3-13）在消毒后的罐头光滑面开启一个适当大小的口，开罐时不得伤及卷边结构，每一个罐头单独使用一个开罐器，不得交叉使用。如样品为软包装，在光滑面使用灭菌剪刀开启，不得损坏接口处。开启后立即在开口上方嗅闻气味，并记录。

图 3-13　无菌开罐器

### 5. 留样

开启后，用灭菌吸管或其他适当工具以无菌操作取出内容物至少 30mL（g）至灭菌容器内，保存至 2 ～ 5℃冰箱中，需要时可用于进一步试验，待该批样品得出检验结论后可弃去。开启后的样品可进行适当的保存，以备日后容器检查时使用。

### 6. 感官检查

在光线充足、空气清洁无异味的检验室中，将样品内容物倾入白色搪瓷盘内，对产品的组织、形态、色泽和气味等进行观察和嗅闻，按压食品检查产品性状，鉴别食品有无腐败变质的迹象，同时观察包装容器内部和外部的情况，并记录。

### 7. pH 测定

（1）样品处理

① 液态制品混匀备用，有固相和液相的制品则取混匀的液相部分备用。

② 对于稠厚或半稠厚制品以及难以从中分出汁液的制品，取一部分样品在均质器或研钵中研磨，如果研磨后的样品仍太稠厚，加入等量的无菌蒸馏水，混匀备用。

（2）测定

① 将电极插入被测试样液中，并将 pH 计的温度校正器调节到被测液的温度。如果仪器没有温度校正系统，被测试样液的温度应调到 20℃ ±2℃的范围之内。采用适合于所用 pH 计的方法进行测定。当读数稳定后，从仪器的标度上直接读出 pH，精确到 0.05 pH 单位。

② 同一个制备试样至少进行两次测定。两次测定结果之差应不超过 0.1 pH 单位。取两次测定的算术平均值作为结果，报告精确到 0.05 pH 单位。

（3）分析结果　与同批冷藏保存对照样品比较是否有显著差异。pH 相差大于等于 0.5 判定为显著差异。

### 8. 涂片染色镜检

（1）涂片　取样品内容物进行涂片。带汤汁的样品可用接种环挑取汤汁涂于载玻片上，固态食品可直接涂片或用少量灭菌生理盐水稀释后涂片，干燥后用火焰固定。油脂性食品涂片自然干燥并火焰固定后，用二甲苯流洗，自然干燥。

（2）染色镜检　对经以上处理的涂片用结晶紫染色液进行单染色，干燥后镜检，至少观察5个视野，记录菌体的形态特征以及每个视野的菌数。与同批冷藏保存对照样品相比，判断是否有明显的微生物增殖现象。菌数有百倍或百倍以上的增长则判定为明显增殖。

### 9. 结果判定

样品经保温试验未出现泄漏；保温后开启，经感官检验、pH测定、涂片镜检，确证无微生物增殖现象，可报告该样品为商业无菌。

样品经保温试验出现泄漏；保温后开启，经感官检验、pH测定、涂片镜检，确证有微生物增殖现象，可报告该样品为非商业无菌。

若需核查样品出现膨胀、pH或感官异常、微生物增殖等的原因，可取样品内容物的留样进行接种培养并报告。若需判定样品包装容器是否出现泄漏，可取开启后的样品进行密封性检查并报告。

笔记

# 笔记

# 实训报告

实训名称：

班级：　　　　　　　　　　姓名：　　　　　　　　　　学号：

**培养基及试剂配制**

| 时间 | 培养基（试剂）名称 | 成分/g | 蒸馏水/L | pH 值 | 容量规格/［mL/瓶（管）］ | 数量/瓶（管） | 灭菌方式 | 灭菌温度/℃ | 灭菌时间/min | 配制人 |
|---|---|---|---|---|---|---|---|---|---|---|
| | | | | | | | | | | |

**检验记录单**

| 样品名称 | | | 样品批号 | |
|---|---|---|---|---|
| 检验项目 | | | 检测依据 | |
| 检测地点 | | | 收样日期 | |
| 样品准备 | ☐ 无异常 | ☐ 异常 | 检测日期 | |
| 检验记录 | 保温罐（36℃ 10 d） | | | 对照罐（2 ～ 5℃ 10 d） |
| 保温前称重/g | | | 保温后称重/g | |

| | 检样 | | | | 对照 | | | |
|---|---|---|---|---|---|---|---|---|
| 保温观察 | ☐膨胀 | ☐泄漏 | | | ☐膨胀 | ☐泄漏 | | |
| 内容物 | 组织<br>形态<br>色泽<br>气味 | ☐ 异常<br>☐ 无异常<br>☐ 有腐败变质<br>☐ 无腐败变质 | | | 组织<br>形态<br>色泽<br>气味 | ☐ 异常<br>☐ 无异常<br>☐ 有腐败变质<br>☐ 无腐败变质 | | |
| pH 值 | | | | | | | | |
| | ☐ 显著差异 | | | | ☐ 无显著差异 | | | |
| 染色镜检/（个/视野） | | | | | | | | |
| | ☐ 明显的微生物增殖现象 | | | | ☐ 无明显的微生物增殖现象 | | | |
| 结果判定 | | | | | | | | |

操作步骤及反思：

检测人：　　　　　　　　　　　　　　　　复核人：

笔记

| 拓展训练 |
| --- |
| 1. 罐头食品以及软包装食品的正确开罐方法是怎样的？ |
| |
| 2. 什么是食品商业无菌？食品商业无菌检验有何意义？ |
| |
| 3. 商业无菌的检样指标有哪些？ |
| |

任务评价

| 序号 | 评价项目 | 评价内容 | 分值 | 评分 |
| --- | --- | --- | --- | --- |
| 1 | 自我评价 | 实训准备、实训过程及实训结果 | 20 | |
| 2 | 组内评价 | 完成任务的态度、能力、团队协作 | 20 | |
| 3 | 组间评价 | 环境卫生、结果报告、大局意识 | 15 | |
| 4 | 教师评价 | 学习态度、实训过程及实训报告 | 45 | |
| 合计 | | | 100 | |

自我评价与总结：

教师点评：

# 任务五

# 乳酸菌检验

## 知识准备

### 一、乳酸菌

乳酸菌是指一类能利用可发酵糖产生大量乳酸的革兰氏阳性细菌，呈球状、杆状和不固定的多形态状，一般无芽孢，仅少数种生芽孢。生理上有需氧、微需氧、耐氧和严格厌氧四种类型，对糖的分解有有氧途径和厌氧途径。乳酸菌的分类不断有变化且更加细致，已知乳酸菌有 10 多个属 100 多个种。目前，用于发酵工业生产乳酸和乳品的乳酸菌属共 50 多种，生产中比较重要的属有乳链球菌属、片球菌属、明串珠菌属、乳杆菌属、双歧杆菌属等。

### 二、在食品工业中的应用

在发酵食品行业中乳酸菌应用非常广泛。大量研究表明，发酵食品生产过程中，乳酸菌能够利用碳水化合物产生以乳酸为主的发酵产物，降低产品 pH 值，还可以产生乳酸菌素，抑制腐败菌和致病菌的生长；同时，此类微生物能在微好氧环境下代谢，产生乙酸、乙醇、乙醛和双乙酰等芳香代谢物质，进而促进食品特殊风味的生成。

双歧杆菌属（*Bifidobacterium*）细胞形态多样，有棍棒状、勺状、“V”字状、弯曲状、“Y”字形等，单生、成对或链状。能发酵葡萄糖、果糖、乳糖和半乳糖，蛋白质分解力微弱，对抗生素敏感。常存在于婴幼儿肠道中，有益于婴幼儿发育，对人体免疫功能的加强有益。

嗜热链球菌（*Streptococcus Thermophilus*）细胞呈卵圆形，成对或形成长链，细胞形态与培养条件有关。能发酵葡萄糖、果糖，不能发酵麦芽糖，易发酵蔗糖和乳糖，蛋白质分解力微弱，对抗生素敏感。嗜热链球菌是生产瑞士干酪、砖形干酪和酸乳的优良菌种。

笔记

乳杆菌属（*Lactobacillus*）细胞多呈长或细长杆状、弯曲形短杆状及棒状球杆状，多形成链。大多数革兰氏染色阳性，通常不运动，有的具有周生鞭毛能够运动。与生产有关的乳杆菌属代表种有德氏乳杆菌、瑞士乳杆菌、嗜热乳杆菌、保加利亚乳杆菌、嗜酸乳杆菌等。

# 任务实施

## 一、设备与材料

| 项目 | 内容 |
|---|---|
| 设备 | 恒温培养箱（36℃ ±1℃）、冰箱（2 ～ 5℃）、恒温水浴箱（46℃ ±1℃）、天平（感量为 0.1g）、均质器、超净工作台、高压蒸汽灭菌锅、菌落计数器 |
| 材料 | 无菌吸管［1mL（具 0.01mL 刻度）、10mL（具 0.1mL 刻度）］或微量移液器及吸头、无菌锥形瓶（容量 250mL、500mL）、无菌培养皿（直径 90mm）、无菌试管（18mm×180mm） |

## 二、培养基与试剂

| 名称 | 成分 | 制法 |
|---|---|---|
| MRS 培养基 | 蛋白胨 10.0g<br>牛肉粉 5.0g<br>酵母粉 4.0g<br>葡萄糖 20.0g<br>吐温 80 1.0mL<br>$K_2HPO_4 \cdot 7H_2O$ 2.0g<br>$CH_3COONa \cdot 3H_2O$ 5.0g<br>柠檬酸三铵 2.0g<br>$MgSO_4 \cdot 7H_2O$ 0.2g<br>$MnSO_4 \cdot 4H_2O$ 0.05g<br>琼脂粉 15.0g<br>pH 6.2 | 将各成分加入到 1000mL 蒸馏水中，加热溶解，调节 pH，分装后 121℃高压灭菌 15 ～ 20min<br>临用时加热融化琼脂，在水浴中冷却至 48℃，加入莫匹罗星锂盐储备液，使培养基中莫匹罗星锂盐的浓度为 50μg/mL |
| MC 培养基 | 大豆蛋白胨 5.0g<br>牛肉粉 3.0g<br>酵母粉 3.0g<br>葡萄糖 20.0g<br>乳糖 20.0g<br>碳酸钙 10.0g<br>琼脂 15.0g<br>蒸馏水 1000mL<br>1% 中性红溶液 5.0mL<br>pH 6.0 | 将前面 7 种成分加入蒸馏水中，加热溶解，调节 pH，加入中性红溶液。分装后 121℃高压灭菌 15 ～ 20min |

续表

| 名称 | 成分 | 制法 |
| --- | --- | --- |
| 乳酸杆菌糖发酵管 | 牛肉膏 5.0g<br>蛋白胨 5.0g<br>酵母浸膏 5.0g<br>吐温 80 0.5mL<br>琼脂 1.5g<br>1.6% 溴甲酚紫乙醇溶液 1.4mL<br>蒸馏水 1000mL | 按 0.5% 加入所需糖类，并分装小试管，121℃高压灭菌 15 ～ 20min |
| 七叶苷培养基 | 蛋白胨 5.0g<br>磷酸氢二钾 1.0g<br>七叶苷 3.0g<br>柠檬酸铁 0.5g<br>1.6% 溴甲酚紫乙醇溶液 1.4mL<br>蒸馏水 100mL | 将各成分加入蒸馏水中，加热溶解，121℃高压灭菌 15 ～ 20min |

## 三、操作步骤

具体检验程序见图 3-14。

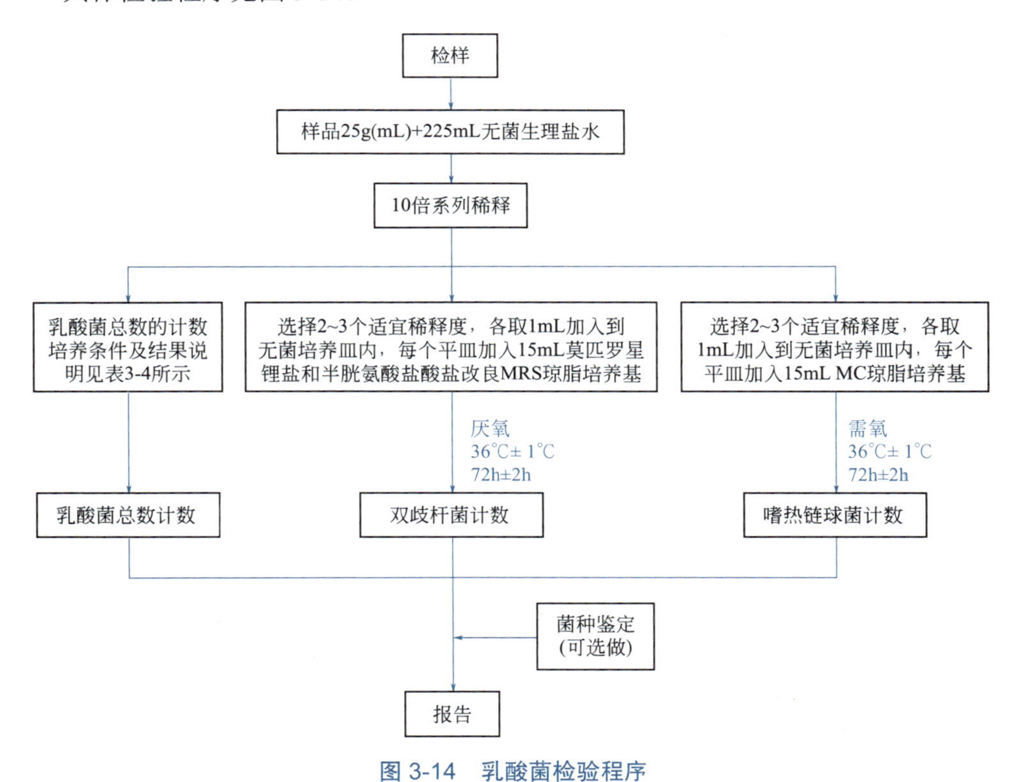


图 3-14　乳酸菌检验程序

### 1. 样品制备

（1）样品的全部制备过程均应遵循无菌操作程序。冷冻样品可先使其在 2 ～ 5℃

笔记

条件下解冻，时间不超过18h，也可在温度不超过45℃的条件下解冻，时间不超过15min。

（2）固体和半固体样品　以无菌操作称取25g样品，置于装有225mL生理盐水的无菌均质杯内，于8000～10000r/min均质1～2min，制成1∶10样品匀液；或置于225mL生理盐水的无菌均质袋中，用拍击式均质器拍打1～2min制成1∶10的样品匀液。

（3）液体样品　液体样品应先将其充分摇匀，以无菌吸管吸取样品25mL放入装有225mL生理盐水的无菌锥形瓶（瓶内预置适当数量的无菌玻璃珠）中，充分振摇，制成1∶10的样品匀液。

### 2. 稀释

（1）用1mL无菌吸管或微量移液器吸取1∶10样品匀液1mL，沿管壁缓慢注于装有9mL生理盐水的无菌试管中（注意吸管尖端不要触及稀释液），振摇试管或换用1支无菌吸管反复吹打使其混合均匀，制成1∶100的样品液。

（2）另取1mL无菌吸管或微量移液器吸头，按上述操作顺序，配制10倍递增样品匀液，每递增稀释一次，即换用1次1mL灭菌吸管或吸头。

（3）乳酸菌计数

① 乳酸菌总数　乳酸菌总数计数培养条件的选择及结果说明见表3-3。

表3-3　乳酸菌总数计数培养基条件的选择及结果说明

| 样品中所包括乳酸菌菌属 | 培养条件的选择及结果说明 |
| --- | --- |
| 仅包括双歧杆菌属 | 按GB 4789.34—2016《食品安全国家标准 食品微生物学检验 双歧杆菌检验》规定执行 |
| 仅包括乳杆菌属 | 按照④操作，结果即为乳杆菌属总数 |
| 仅包括嗜热链球菌 | 按照③操作，结果即为嗜热链球菌总数 |
| 同时包括双歧杆菌属和乳杆菌属 | 按照④操作，结果即为乳酸菌总数<br>如单独计数双歧杆菌属数目，按照②操作 |
| 同时包括双歧杆菌属和嗜热链球菌 | 按照②和③操作，二者结果之和即为乳酸菌总数；<br>如需单独计数双歧杆菌属数目，按照②操作 |
| 同时包括乳杆菌属和嗜热链球菌 | 按照③和④操作，二者之和即为乳酸菌总数；<br>③ 结果为嗜热链球菌总数；<br>④ 结果为乳杆菌属总数 |
| 同时包括双歧杆菌属、乳杆菌属和嗜热链球菌 | 按照③和④操作，二者结果之和即为乳酸菌总数；<br>如需单独计数双歧杆菌属数目，按照②操作 |

② 双歧杆菌计数　根据对待检样品双歧杆菌含量的估计，选择2～3个连续的适宜稀释度，每个稀释度吸取1mL样品匀液于灭菌平皿内，每个稀释度做两个平皿。稀释液移入平皿后，将冷却至48℃的约15mL莫匹罗星锂盐和半胱氨酸盐酸盐改良的MRS培养基倾注入平皿，转动平皿使混合均匀。36℃ ±1℃厌氧培养72h±2h，培养后计数平板上的所有菌落数。从样品稀释到平板涂布要求在15min

笔记

内完成。

③ 嗜热链球菌计数　根据待检样品嗜热链球菌活菌数的估计，选择2～3个连续的适宜稀释度，每个稀释度吸取1mL样品匀液于灭菌平皿内，每个稀释度做两个平皿。稀释液移入平皿后，将冷却至48℃的约15mL MC培养基倾注入平皿，转动平皿使混合均匀。36℃ ±1℃需氧培养72h±2h，培养后计数。嗜热链球菌在MC琼脂平板上的菌落特征为：菌落中等偏小，边缘整齐光滑的红色菌落，直径2mm±1mm，菌落背面为粉红色。从样品稀释到平板涂布要求在15min内完成。

④ 乳杆菌计数　根据待检样品活菌总数的估计，选择2～3个连续的适宜稀释度，每个稀释度吸取1mL样品匀液于灭菌平皿内，每个稀释度做两个平皿。稀释液移入平皿后，将冷却至48℃的约15mL MRS琼脂培养基倾注入平皿，转动平皿使混合均匀。36℃ ±1℃厌氧培养72h±2h。从样品稀释到平板倾注要求在15min内完成。

### 3. 菌落计数

可用肉眼观察，必要时用放大镜或菌落计数器，记录稀释倍数和相应的菌落数量。菌落计数以菌落形成单位（CFU）表示。

（1）选取菌落数在30～300CFU之间、无蔓延菌落生长的平板计数菌落总数。低于30CFU的平板记录具体菌落数，高于300CFU的可记录为“多不可计”。每个稀释度的菌落数应采用两个平板的平均数。

（2）其中一个平板有较大片状菌落生长时，则不宜采用，而应以无片状菌落生长的平板作为该稀释度的菌落数；若片状菌落不到平板的一半，而其余一半中菌落分布又很均匀，即可计算半个平板后乘以2，代表一个平板菌落数。

（3）当平板上出现菌落间无明显界线的链状生长时，则将每条单链作为一个菌落计数。

### 4. 结果的表述

（1）若只有一个稀释度平板上的菌落数在适宜计数范围内，计算两个平板菌落数的平均值，再将平均值乘以相应稀释倍数，作为1g（mL）中菌落总数结果。

（2）若有两个连续稀释度的平板菌落数在适宜计数范围内时，按式（3-1）计算。

（3）若所有稀释度的平板上菌落数均大于300CFU，则对稀释度最高的平板进行计数，其他平板可记录为“多不可计”，结果按平均菌落数乘以最高稀释倍数计算。

（4）若所有稀释度的平板菌落数均小于30CFU，则应按稀释度最低的平均菌落数乘以稀释倍数计算。

（5）若所有稀释度（包括液体样品原液）平板均无菌落生长，则以“小于1”乘以最低稀释倍数计算。

（6）若所有稀释度的平板菌落数均不在30～300CFU之间，其中一部分小于30CFU，一部分大于300CFU时，则以最接近30CFU或300CFU的平均菌落数乘以稀释倍数计算。

笔记

## 5. 菌落数的报告

（1）菌落数小于 100CFU 时，按“四舍五入”原则修约，以整数报告。

（2）菌落数大于或等于 100CFU 时，第 3 位数字采用“四舍五入”原则修约后，取前 2 位数字，后面用“0”代替位数；也可用 10 的指数形式来表示，按“四舍五入”原则修约后，采用两位有效数字。

（3）称重取样以 CFU/g 为单位报告，体积取样以 CFU/mL 为单位报告。

## 6. 结果与报告

根据菌落计数结果出具报告，报告单位以 CFU/g（CFU/mL）表示。

## 7. 乳酸菌的鉴定（可选做）

（1）纯培养　挑取 3 个或以上单个菌落，嗜热链球菌接种于 MC 琼脂平板，乳杆菌属接种于 MRS 琼脂平板，置 36℃ ±1℃厌氧培养 48h。

（2）鉴定　双歧杆菌的鉴定按 GB/T 4789.34—2016《食品安全国家标准　食品微生物检验　双歧杆菌检验》的规定操作。

涂片镜检：乳杆菌属菌体形态多样，呈长杆状、弯曲杆状或短杆状。无芽孢，革兰氏染色阳性。嗜热链球菌菌体呈球形或球杆状，直径为 0.5 ～ 2.0μm，成对或成链排列，无芽孢，革兰氏染色阳性。

乳酸菌菌种主要生化反应见表 3-4 和表 3-5。

表3-4　常见乳杆菌属内种的碳水化合物反应

| 菌种 | 七叶苷 | 纤维二糖 | 麦芽糖 | 甘露醇 | 水杨苷 | 山梨醇 | 蔗糖 | 棉子糖 |
|---|---|---|---|---|---|---|---|---|
| 干酪乳杆菌干酪亚种（*L.casei* subsp. *casei*） | + | + | + | + | + | + | + | – |
| 德氏乳杆菌保加利亚种（*L. delbrueckii* subsp. *bulgaricus*） | – | – | – | – | – | – | – | – |
| 嗜酸乳杆菌（*L. acidophilus*） | + | + | + | – | + | – | + | d |
| 罗伊氏乳杆菌（*L. reuteri*） | ND | – | + | – | – | – | + | + |
| 鼠李糖乳杆菌（*L. rhamnosus*） | + | + | + | + | + | + | + | – |
| 植物乳杆菌（*L. plantarum*） | + | + | + | + | + | + | + | + |

注：+ 表示 90% 以上菌株阳性；– 表示 90% 以上菌株阴性；d 表示 11% ～ 89% 菌株阳性；ND 表示未测定。

表3-5　嗜热链球菌的主要生化反应

| 菌种 | 菊糖 | 乳糖 | 甘露醇 | 水杨苷 | 山梨醇 | 马尿酸 | 七叶苷 |
|---|---|---|---|---|---|---|---|
| 嗜热链球菌（*S. thermophilus*） | – | + | – | – | – | – | – |

注：+ 表示 90% 以上菌株阳性；– 表示 90% 以上菌株阴性。

# 实训报告

笔记

**操作记录**

实训名称：

班级：　　　　姓名：　　　　学号：

**培养基及试剂配制**

| 时间 | 培养基（试剂）名称 | 成分/g | 蒸馏水/L | pH值 | 容量规格/［mL/瓶（管）］ | 数量/瓶（管） | 灭菌方式 | 灭菌温度/℃ | 灭菌时间/min | 配制人 |
|---|---|---|---|---|---|---|---|---|---|---|
| | | | | | | | | | | |
| | | | | | | | | | | |
| | | | | | | | | | | |
| | | | | | | | | | | |

**检验记录单**

检测项目：　　　　检测依据：

样品名称：　　　　样品数量：

收样日期：　　　　检测日期：

操作步骤及反思：

**观察结果**　　　　空白对照：__________

| 菌属 | 各稀释度菌落数 | | | 镜检 | 生化鉴定 | 结果报告 | 单项判定 |
|---|---|---|---|---|---|---|---|
| | | | | | | | |
| 乳酸菌总数 | | | | | | | |
| 双歧杆菌 | | | | | | | |
| 嗜热链球菌 | | | | | | | |
| 乳杆菌 | | | | | | | |

检测人：　　　　复核人：

笔记

## 拓展训练

1. 双歧杆菌、嗜热链球菌、乳杆菌的典型菌落特征和细胞形态有什么区别？

2. 食品乳酸菌计数过程中有哪些注意事项？

3. 列举乳酸菌检验所需培养基。

## 任务评价

| 序号 | 评价项目 | 评价内容 | 分值 | 评分 |
| --- | --- | --- | --- | --- |
| 1 | 自我评价 | 实训准备、实训过程及实训结果 | 20 | |
| 2 | 组内评价 | 完成任务的态度、能力、团队协作 | 20 | |
| 3 | 组间评价 | 环境卫生、结果报告、大局意识 | 15 | |
| 4 | 教师评价 | 学习态度、实训过程及实训报告 | 45 | |
| 合计 | | | 100 | |

自我评价与总结：

教师点评：

# 项目四 食品中常见致病菌检验

## 项目导入

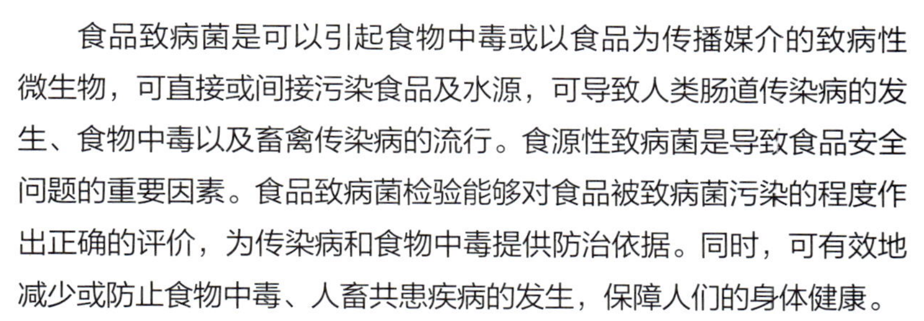

食品致病菌是可以引起食物中毒或以食品为传播媒介的致病性微生物，可直接或间接污染食品及水源，可导致人类肠道传染病的发生、食物中毒以及畜禽传染病的流行。食源性致病菌是导致食品安全问题的重要因素。食品致病菌检验能够对食品被致病菌污染的程度作出正确的评价，为传染病和食物中毒提供防治依据。同时，可有效地减少或防止食物中毒、人畜共患疾病的发生，保障人们的身体健康。

国家制定了食品中致病菌限量标准，是食品安全基础标准的重要组成部分。标准提出了沙门氏菌、金黄色葡萄球菌、副溶血性弧菌、单核细胞增生李斯特氏菌、大肠埃希氏菌、志贺氏菌等几种主要致病菌在肉制品、水产制品、粮食制品、即食果蔬制品、饮料及冷冻饮品、即食调味品等多类食品中的限量要求。

## 项目目标

### 素质目标

具备科学创新思维和与时俱进的精神，安全意识和诚信意识，培养求真务实、精益求精的工匠精神和良好的劳动习惯。

### 知识目标

了解常见致病菌的生物特性和检验的意义，掌握常见致病菌的检验流程和评价方式。

### 能力目标

学会解读食品中常见致病菌的检验方法标准；能按照检验方法标准对常见致病菌进行检验；能对检验结果判定及报告。

# 任务一

# 金黄色葡萄球菌检验

## 知识准备

### 一、金黄色葡萄球菌生物学特性

金黄色葡萄球菌为葡萄球菌属，革兰氏阳性球菌，呈葡萄状排列，需氧或兼性厌氧，最适生长温度37℃，pH 7.4，耐盐性较强，最高可在盐浓度接近15%的环境中生长。对高温有一定的耐受能力，在80℃以上的高温环境下30min才可以将其彻底杀死。

金黄色葡萄球菌对营养要求不高，在普通培养基中生长良好，可形成圆形，表面光滑，边缘整齐，不透明，能产生黄色色素；若加少量葡萄糖或血液生长更旺盛，在血平板上菌落周围产生透明溶血圈；在普通肉汤中混浊生长，时间过长，有少量沉淀。

### 二、检验意义

金黄色葡萄球菌是常见的食源性致病菌，广泛存在于自然环境中。金黄色葡萄球菌在适当的条件下，能够产生肠毒素，引起食物中毒；也可引起肺炎、伪膜性肠炎、心包炎等，甚至败血症、脓毒症等全身感染。其致病力主要取决于产生的毒素和侵袭性酶，包括溶血素、杀白细胞素、血浆凝固酶、肠毒素等。

金黄色葡萄球菌可在食品中大量生长繁殖，产生毒素，人一旦误食了含有毒素的食品，就可能发生食物中毒，故食品中存在金黄色葡萄球菌对人体健康是一种潜在威胁，检验食品中金黄色葡萄球菌及其数量具有实际意义。

### 三、限量标准与检验方法

我国于2021年发布了《食品安全国家标准　预包装食品中致病菌限量》(GB 29921—2021)，制定了金黄色葡萄球菌的限量标准，规定肉制品、即食果蔬制品、粮食制品、冷冻饮品、即食调味料等食品中，同批次采集 5 份样品，每份样品中的金黄色葡萄球菌浓度均不得超出 1000CFU/g，仅允许其中 1 份样品可超出 100CFU/g，但不超出 1000CFU/g。

目前我国食品中金黄色葡萄球菌的检验，依据国家标准《食品微生物学检验 金黄色葡萄球菌检验》（GB 4789.10—2016）中的方法进行。其中第一法适用于食品中金黄色葡萄球菌的定性检验；第二法适用于金黄色葡萄球菌含量较高的食品中金黄色葡萄球菌的计数；第三法适用于金黄色葡萄球菌含量较低的食品中金黄色葡萄球菌的计数。

笔记

## 子任务一　金黄色葡萄球菌定性检验

### 任务实施

#### 一、设备与材料

| 项目 | 内容 |
|---|---|
| 设备 | 恒温培养箱（36℃ ±1℃）、冰箱（2 ～ 5℃）、恒温水浴箱（37 ～ 65℃）、天平（感量为 0.1g）、均质器、超净工作台、高压蒸汽灭菌锅菌落 |
| 材料 | 10mL 无菌吸管（具 0.1mL 刻度）、微量移液器及吸头、无菌锥形瓶（容量 250mL、500mL）、无菌培养皿（直径 90mm）、18mm×180mm 试管、16mm×160mm 试管精密、pH 试纸 |

#### 二、培养基与试剂

| 名称 | 成分 | 制法 |
|---|---|---|
| 7.5% 氯化钠肉汤 | 蛋白胨　10.0g<br>牛肉粉　5.0g<br>氯化钠　75g<br>蒸馏水　1000mL<br>pH　7.4 | 将各成分加热溶解，调节 pH，分装，每瓶 225mL，121℃高压灭菌 15min |
| 血琼脂平板 | 豆粉琼脂（pH 7.4 ～ 7.6）　100mL<br>脱纤维羊血　5 ～ 10mL | 加热融化琼脂，冷却至 50℃，以无菌操作加入脱纤维羊血摇匀，倾注平板 |

笔记

续表

| 名称 | 成分 | 制法 |
| --- | --- | --- |
| Baird-Parker琼脂平板 | 胰蛋白胨 10.0g<br>牛肉膏 5.0g<br>酵母膏 1.0g<br>丙酮酸钠 10.0g<br>甘氨酸 12.0g<br>氯化锂 5.0g<br>琼脂 20.0g<br>蒸馏水 950mL<br>pH 7.0±0.2 | 将各成分加到蒸馏水中，加热煮沸至完全溶解，调节pH。分装每瓶95mL，121℃高压灭菌15min<br>临用时加热溶化，冷却至50℃，每95mL加入预热至50℃的卵黄亚碲酸钾增菌剂5mL，摇匀后倾注平板 |
| 脑心浸出液肉汤（BHI） | 胰蛋白胨 10.0g<br>氯化钠 5.0g<br>磷酸氢二钠 2.5g<br>葡萄糖 2.0g<br>牛心浸出液 500mL<br>pH 7.4±0.2 | 加热溶解，调节pH，分装16mm×160mm试管，每管5mL，置121℃、15min灭菌 |
| 兔血浆 | 3.8%柠檬酸钠溶液 1份<br>兔全血 4份 | 将各成分混合静置，使血液细胞下降，即可得血浆 |
| 营养琼脂小斜面 | 蛋白胨 10.0g<br>牛肉膏 3.0g<br>氯化钠 5.0g<br>琼脂 15.0～20.0g<br>蒸馏水 1000mL<br>pH 7.2～7.4 | 将除琼脂以外的各成分溶解于蒸馏水内，调节pH，加入琼脂煮沸溶化，分装，121℃高压灭菌15min |
| 无菌生理盐水 | 氯化钠 8.5g<br>蒸馏水 1000mL | 称取8.5g氯化钠溶于1000mL蒸馏水中，121℃高压灭菌15min |
| 磷酸盐缓冲液 | 磷酸二氢钾 34.0g<br>蒸馏水 500mL | 贮存液：称取34.0g的磷酸二氢钾溶于500mL蒸馏水中，调节pH，用蒸馏水稀释至1000mL贮存<br>稀释液：取贮存液1.25mL，用蒸馏水稀释至1000mL，分装，121℃高压灭菌15min |

## 三、操作步骤

具体检验程序见图4-1。

### 1. 样品的处理

称取25g样品至盛有225mL 7.5%氯化钠肉汤的无菌均质杯内，8000～10000r/min均质1～2min，或放入盛有225mL 7.5%氯化钠肉汤的无菌均质袋中，用拍击式均质器拍打1～2min。若样品为液态，吸取25mL样品至盛有225mL 7.5%氯化钠肉汤的无菌锥形瓶（瓶内可预置适当数量的无菌玻璃珠）中，振荡混匀。

笔记

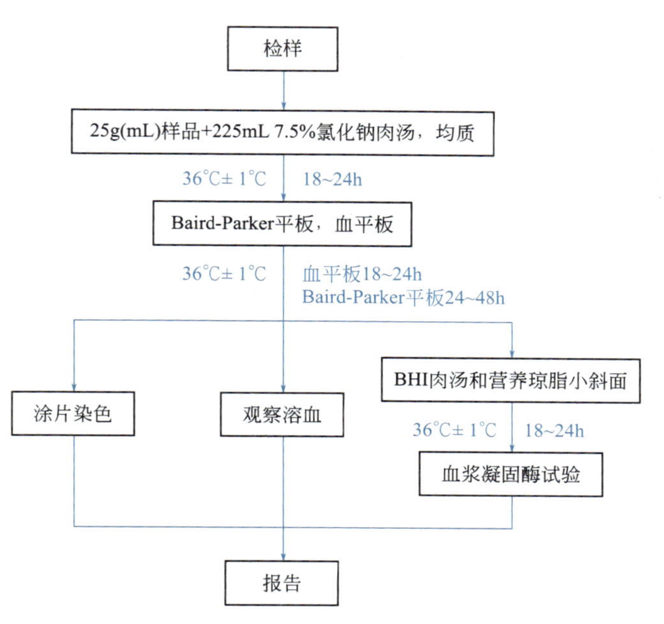


图 4-1 金黄色葡萄球菌定性检验程序

## 2. 增菌和分离培养

（1）将上述样品匀液于 36℃ ±1℃培养 18 ～ 24h。金黄色葡萄球菌在 7.5% 氯化钠肉汤中呈混浊生长。

（2）将上述培养物，分别划线接种到 Baird-Parker 平板（简称 B-P 平板）和血平板，血平板 36℃ ±1℃培养 18 ～ 24h，Baird-Parker 平板 36℃ ±1℃培养 24 ～ 48h。

金黄色葡萄球菌在 Baird-Parker 平板上呈圆形，表面光滑、凸起、湿润，菌落直径为 2 ～ 3mm，颜色呈灰黑色至黑色，有光泽，常有浅色（非白色）的边缘，周围绕以不透明圈（沉淀），其外常有一清晰带（图 4-2），用接种针触及菌落有黄油样黏稠感。长期保存的冷冻或脱水食品中所分离的菌落比典型菌落的黑色较淡些，外观可能粗糙并干燥。在血平板上，形成菌落较大，圆形、光滑、凸起、湿润、金黄色（有时为白色），菌落周围可见完全透明溶血圈（图 4-3）。挑取上述菌落进行革兰氏染色镜检及血浆凝固酶试验。

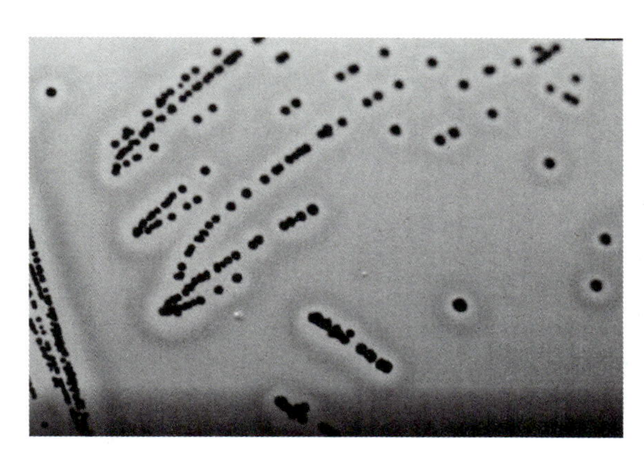

图 4-2 金黄色葡萄球菌在 Baird-Parker 平板菌落特征

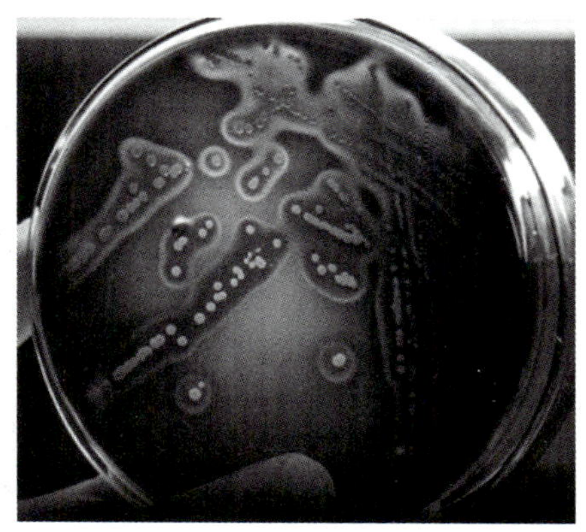

图 4-3 金黄色葡萄球菌在血平板的溶血圈

## 3. 鉴定

（1）染色镜检

① 涂片在火焰上固定，滴加结晶紫染液，染 1min，水洗。

② 滴加革兰氏碘液，作用 1min，水洗。

③ 滴加 95% 乙醇脱色 20 ～ 30s，直至染色液被洗掉，不要过分脱色，水洗。

④ 滴加复染液，复染 1min，水洗、待干、镜检。

金黄色葡萄球菌为革兰氏阳性球菌，排列呈葡萄球状，无芽孢，无荚膜，直径为 0.5 ～ 1μm。

（2）血浆凝固酶试验　挑取 Baird-Parker 平板或血平板上至少 5 个可疑菌落（小于 5 个全选），分别接种到 5mL BHI 和营养琼脂小斜面，36℃ ±1℃培养 18 ～ 24h。

取新鲜配制兔血浆 0.5mL，放入小试管中，再加入 BHI 培养物 0.2 ～ 0.3mL，振荡摇匀，置 36℃ ±1℃恒温箱或水浴箱内，每半小时观察一次，观察 6h。如图 4-4 所示，如呈现凝固状态（即将试管倾斜或倒置时，呈现凝块）或凝固体积大于原体积的一半，被判定为阳性结果。同时以血浆凝固酶试验阳性和阴性葡萄球菌菌株的肉汤培养物作为对照。也可用商品化的试剂，按说明书操作，进行血浆凝固酶试验。结果如可疑，挑取营养琼脂小斜面的菌落到 5mL BHI，36℃ ±1℃培养 18 ～ 48h，重复试验。

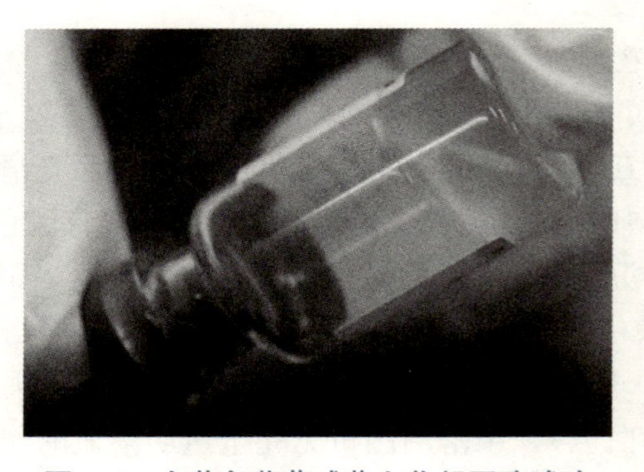

图 4-4　金黄色葡萄球菌血浆凝固酶试验

## 4. 结果与报告

（1）结果判定　菌落形态符合金黄色葡萄球菌在 B-P 平板和血平板上的典型特征，镜检结果为革兰氏染色葡萄球菌，血浆凝固酶试验阳性，可判定为金黄色葡萄球菌。

（2）结果报告　在 25g（mL）样品中检出或未检出金黄色葡萄球菌。

# 实训报告

笔记

**操作记录**

实训名称：

班级： 姓名： 学号：

**培养基及试剂配制**

| 时间 | 培养基（试剂）名称 | 成分 /g | 蒸馏水 /L | pH 值 | 容量规格 /［mL/ 瓶（管）］ | 数量 / 瓶（管） | 灭菌方式 | 灭菌温度 /℃ | 灭菌时间 /min | 配制人 |
|---|---|---|---|---|---|---|---|---|---|---|
| | | | | | | | | | | |
| | | | | | | | | | | |
| | | | | | | | | | | |
| | | | | | | | | | | |
| | | | | | | | | | | |

**检验记录单**

检测项目： 检测依据：

样品名称： 样品数量：

收样日期： 检测日期：

操作步骤及反思：

**观察结果**

| 菌落形态特征描述 | |
|---|---|
| | 血平板： |
| | B-P 平板： |

| 有无溶血圈 | 染色镜检 | | | 血浆凝固酶试验 | 结果报告 | 产品限量要求 | 单项判定 |
|---|---|---|---|---|---|---|---|
| | 形态 | 颜色 | 染色判定 | | | | |
| | | | | | | | |

检测人： 复核人：

笔记

| 拓展训练 |
|---|
| 1. 金黄色葡萄球菌有哪些生物学特性？ |
| |
| 2. 简述金黄色葡萄球菌在血平板和Baird-Parker平板上的菌落特征。 |
| |
| 3. 鉴定金黄色葡萄球菌时为什么要进行染色试验？ |
| |

任务评价

| 序号 | 评价项目 | 评价内容 | 分值 | 评分 |
|---|---|---|---|---|
| 1 | 自我评价 | 实训准备、实训过程及实训结果 | 20 | |
| 2 | 组内评价 | 完成任务的态度、能力、团队协作 | 20 | |
| 3 | 组间评价 | 环境卫生、结果报告、大局意识 | 15 | |
| 4 | 教师评价 | 学习态度、实训过程及实训报告 | 45 | |
| 合计 | | | 100 | |

自我评价与总结：

教师点评：

# 子任务二　金黄色葡萄球菌 Baird-Parker 平板计数法

## 任务实施

### 一、设备与材料

| 项目 | 内容 |
| --- | --- |
| 设备 | 恒温培养箱（36℃ ±1℃）、冰箱（2 ～ 5℃）、恒温水浴箱（37 ～ 65℃）、天平（感量为 0.1g）、均质器、超净工作台、高压蒸汽灭菌锅 |
| 材料 | 10mL 无菌吸管（具 0.1mL 刻度）、微量移液器及吸头、无菌锥形瓶（容量 250mL、500mL）、无菌培养皿（直径 90mm）、18mm×180mm 试管、“L”形棒、精密 pH 试纸 |

### 二、培养基与试剂

培养基与试剂同子任务一。

### 三、操作步骤

具体检验程序见图 4-5。

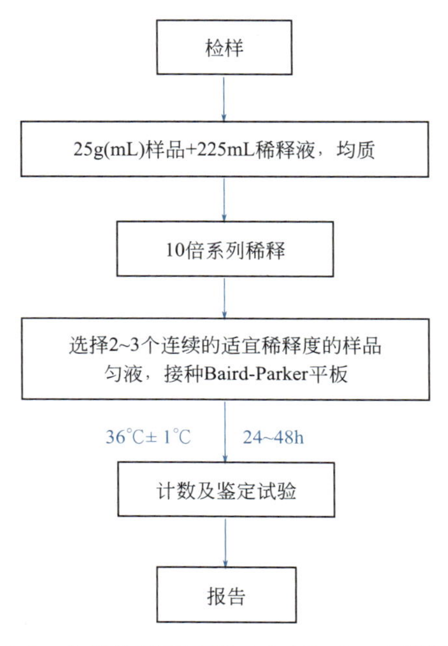


图 4-5　金黄色葡萄球菌 Baird-Parker 平板计数

笔记

### 1. 样品的稀释

（1）固体和半固体样品　称取25g样品置盛有225mL磷酸盐缓冲液或生理盐水的无菌均质袋内，8000～10000r/min均质1～2min，或置盛有225mL稀释液的无菌均质袋，用拍击式均质器拍打1～2min，制成1∶10的样品匀液。

（2）液体样品　以无菌吸管吸取25mL样品置盛有225mL磷酸盐缓冲液或生理盐水的无菌锥形瓶中，充分混匀，制成1∶10的样品匀液。

（3）用1mL无菌吸管或微量移液器吸取1∶10样品匀液1mL，沿管壁缓慢注于盛有9mL稀释液的无菌试管中（注意吸管或吸头尖端不要触及稀释液面），振摇试管或换用1支1mL无菌吸管反复吹打使其混合均匀，制成1∶100的样品匀液。

（4）按上述操作程序，依次制备10倍系列稀释样品匀液。每递增稀释一次，换用1次1mL无菌吸管或吸头。

### 2. 样品的接种

根据对样品污染状况的估计，选择2～3个适宜稀释度的样品匀液（液体样品可包括原液），在进行10倍递增稀释时，每个稀释度分别吸取1mL样品匀液以0.3mL、0.3mL、0.4mL接种量分别加入三块Baird-Parker平板，然后用无菌“L”形棒涂布整个平板，注意不要触及平板边缘。使用前，如Baird-Parker平板表面有水珠，可放在25～50℃的培养箱里干燥，直到平板表面的水珠消失。

### 3. 培养

在通常情况下，涂布后，将平板静置10min，如样液不易吸收，可将平板放在培养箱36℃±1℃培养1h；等样品匀液吸收后翻转平皿，倒置于培养箱，36℃±1℃培养，24～48h。

### 4. 典型菌落计数和鉴定

金黄色葡萄球菌在Baird-Parker平板上呈圆形，表面光滑、凸起、湿润，菌落直径为2～3mm，颜色呈灰黑色至黑色，有光泽，常有浅色（非白色）的边缘，周围绕以不透明圈（沉淀），其外常有一清晰带。

（1）选择有典型的金黄色葡萄球菌菌落，且同一稀释度3个平板所有菌落数合计在20～200CFU之间的平板，计数典型菌落数。

（2）从典型菌落中任选5个菌落（小于5个全选），分别做染色镜检和血浆凝固酶试验。同时划线接种到血平板36℃±1℃培养18～24h后观察菌落形态，金黄色葡萄球菌菌落较大，呈圆形、光滑、凸起、湿润、金黄色（有时为白色），菌落周围可见完全透明溶血圈。

### 5. 结果计算

（1）只有一个稀释度平板的菌落数在20～200CFU之间且有典型菌落，计数该稀释度平板上的典型菌落；

（2）最低稀释度平板的菌落数小于20CFU且有典型菌落，计数该稀释度平板上的典型菌落；

（3）某一稀释度平板的菌落数大于200CFU且有典型菌落，但下一稀释度平板

笔 记

上没有典型菌落，应计数该稀释度平板上的典型菌落；

（4）某一稀释度平板的菌落数大于 200CFU 且有典型菌落，且下一稀释度平板上有典型菌落，但平板上的菌落数不在 20 ～ 200CFU 之间，应计数该稀释度平板上的典型菌落；

以上按式（4-1）计算。

（5）2 个连续稀释度平板菌落数均在 20 ～ 200CFU 之间，按式（4-2）计算。

$$T=\frac{AB}{Cd} \tag{4-1}$$

式中 $T$——样品中金黄色葡萄球菌菌落数；

$A$——某一稀释度典型菌落的总数；

$B$——某一稀释度鉴定为阳性的菌落数；

$C$——某一稀释度用于鉴定试验的菌落数；

$d$——稀释因子。

$$T=\frac{(A_1B_1/C_1)+(A_2B_2/C_2)}{1.1d} \tag{4-2}$$

式中 $T$——样品中金黄色葡萄球菌菌落数；

$A_1$——第一稀释度（低稀释倍数）典型菌落的总数；

$A_2$——第二稀释度（高稀释倍数）典型菌落的总数；

$B_1$——第一稀释度（低稀释倍数）鉴定为阳性的菌落数；

$B_2$——第二稀释度（高稀释倍数）鉴定为阳性的菌落数；

$C_1$——第一稀释度（低稀释倍数）用于鉴定试验的菌落数；

$C_2$——第二稀释度（高稀释倍数）用于鉴定试验的菌落数；

1.1——计算系数；

$d$——稀释因子（第一稀释度）。

### 6. 结果与报告

根据 Baird-Parker 平板上金黄色葡萄球菌的典型菌落数计算结果，报告 1g（mL）样品中金黄色葡萄球菌数，以 CFU/g（CFU/mL）表示；如 $T$ 值为 0，则以“小于 1”乘以最低稀释倍数报告。

笔记

# 实训报告

笔记

**操作记录**

实训名称：

班级： 姓名： 学号：

**培养基及试剂配制**

| 时间 | 培养基（试剂）名称 | 成分 /g | 蒸馏水 /L | pH 值 | 容量规格 /［mL/ 瓶（管）］ | 数量 / 瓶（管） | 灭菌方式 | 灭菌温度 /℃ | 灭菌时间 /min | 配制人 |
|---|---|---|---|---|---|---|---|---|---|---|
| | | | | | | | | | | |
| | | | | | | | | | | |
| | | | | | | | | | | |
| | | | | | | | | | | |

**检验记录单**

检测项目： 检测依据：

样品名称： 样品数量：

收样日期： 检测日期：

操作步骤及反思：

**观察结果**

<table>
<tr><td rowspan="2">菌落形态特征描述</td><td colspan="5">B-P 平板：</td></tr>
<tr><td colspan="5">血平板：</td></tr>
<tr><td>染色镜检</td><td colspan="5">形态： 颜色： 染色判定：</td></tr>
</table>

<table>
<tr><td colspan="3">各稀释度典型菌落数</td><td rowspan="2">血浆凝固酶试验阳性数</td><td rowspan="2">结果报告</td><td rowspan="2">产品限量要求</td><td rowspan="2">单项判定</td></tr>
<tr><td></td><td></td><td></td></tr>
<tr><td></td><td></td><td></td><td></td><td></td><td></td><td></td></tr>
</table>

计算过程：

检测人： 复核人：

笔记

| 拓展训练 |
| --- |
| 1. 平板计数法中如何进行金黄色葡萄球菌的检测报告？ |
| |
| 2. 鉴定致病性金黄色葡萄球菌的重要指标是什么？ |
| |
| 3. 简述金黄色葡萄球菌染色镜检的操作步骤。 |
| |

任务评价

| 序号 | 评价项目 | 评价内容 | 分值 | 评分 |
| --- | --- | --- | --- | --- |
| 1 | 自我评价 | 实训准备、实训过程及实训结果 | 20 | |
| 2 | 组内评价 | 完成任务的态度、能力、团队协作 | 20 | |
| 3 | 组间评价 | 环境卫生、结果报告、大局意识 | 15 | |
| 4 | 教师评价 | 学习态度、实训过程及实训报告 | 45 | |
| 合计 | | | 100 | |

自我评价与总结：

教师点评：

# 子任务三　金黄色葡萄球菌 MPN 计数法

笔记

## 任务实施

### 一、设备与材料

设备与材料同子任务二。

### 二、培养基与试剂

培养基与试剂同子任务一。

### 三、检验程序

具体检验程序详见图 4-6。

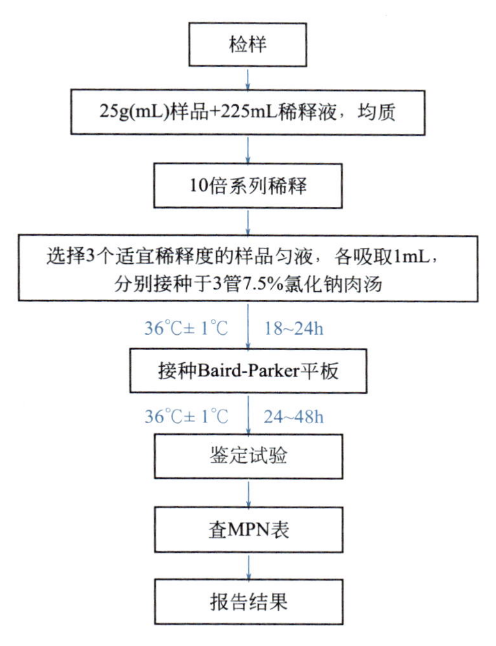


图 4-6　金黄色葡萄球菌 MPN 法检验程序

### 四、操作步骤

#### 1. 样品的稀释

操作步骤同子任务二。

#### 2. 接种和培养

（1）根据对样品污染状况的估计，选择 3 个适宜稀释度的样品匀液（液体样

笔记

品可包括原液），在进行10倍递增稀释时，每个稀释度分别吸取1mL样品匀液接种到7.5%氯化钠肉汤管，每个稀释度接种3管，将上述接种物于36℃ ±1℃培养18～24h。

（2）用接种环从培养后的7.5%氯化钠肉汤管中，分别取培养物1环，接种于Baird-Parker平板，36℃ ±1℃培养24～48h。

### 3. 典型菌落鉴定

操作步骤同子任务二。

### 4. 结果与报告

根据鉴定为金黄色葡萄球菌阳性的试管管数，查MPN检索表（见表4-1），报告1g（mL）样品中金黄色葡萄球菌的最可能数，以MPN/g（MPN/mL）表示。

表4-1　金黄色葡萄球菌最可能数（MPN）检索表

| 阳性管数 | | | MPN | 95%可信限 | | 阳性管数 | | | MPN | 95%可信限 | |
|---|---|---|---|---|---|---|---|---|---|---|---|
| 0.10 | 0.01 | 0.001 | | 下限 | 上限 | 0.10 | 0.01 | 0.001 | | 下限 | 上限 |
| 0 | 0 | 0 | ＜3.0 | — | 9.5 | 2 | 2 | 0 | 21 | 4.5 | 42 |
| 0 | 0 | 1 | 3.0 | 0.15 | 9.6 | 2 | 2 | 1 | 28 | 8.7 | 94 |
| 0 | 1 | 0 | 3.0 | 0.15 | 11 | 2 | 2 | 2 | 35 | 8.7 | 94 |
| 0 | 1 | 1 | 6.1 | 1.2 | 18 | 2 | 3 | 0 | 29 | 8.7 | 94 |
| 0 | 2 | 0 | 6.2 | 1.2 | 18 | 2 | 3 | 1 | 36 | 8.7 | 94 |
| 0 | 3 | 0 | 9.4 | 3.6 | 38 | 3 | 0 | 0 | 23 | 4.6 | 94 |
| 1 | 0 | 0 | 3.6 | 0.17 | 18 | 3 | 0 | 1 | 38 | 8.7 | 110 |
| 1 | 0 | 1 | 7.2 | 1.3 | 18 | 3 | 0 | 2 | 64 | 17 | 180 |
| 1 | 0 | 2 | 11 | 3.6 | 38 | 3 | 1 | 0 | 43 | 9 | 180 |
| 1 | 1 | 0 | 7.4 | 1.3 | 20 | 3 | 1 | 1 | 75 | 17 | 200 |
| 1 | 1 | 1 | 11 | 3.6 | 38 | 3 | 1 | 2 | 120 | 37 | 420 |
| 1 | 2 | 0 | 11 | 3.6 | 42 | 3 | 1 | 3 | 160 | 40 | 420 |
| 1 | 2 | 1 | 15 | 4.5 | 42 | 3 | 2 | 0 | 93 | 18 | 420 |
| 1 | 3 | 0 | 16 | 4.5 | 42 | 3 | 2 | 1 | 150 | 37 | 420 |
| 2 | 0 | 0 | 9.2 | 1.4 | 38 | 3 | 2 | 2 | 210 | 40 | 430 |
| 2 | 0 | 1 | 14 | 3.6 | 42 | 3 | 2 | 3 | 290 | 90 | 1000 |
| 2 | 0 | 2 | 20 | 4.5 | 42 | 3 | 3 | 0 | 240 | 42 | 1000 |
| 2 | 1 | 0 | 15 | 3.7 | 42 | 3 | 3 | 1 | 460 | 90 | 2000 |
| 2 | 1 | 1 | 20 | 4.5 | 42 | 3 | 3 | 2 | 1100 | 180 | 4100 |
| 2 | 1 | 2 | 27 | 8.7 | 94 | 3 | 3 | 3 | ＞1100 | 420 | — |

注：1. 本表采用3个稀释度[0.1g(mL)、0.01g(mL)和0.001g(mL)]，每个稀释度接种3管。

2. 表内所列检样量如改用1g(mL)、0.1g(mL)和0.01g(mL)时，表内数据应相应缩小10倍；如改用0.01g（mL）、0.001g（mL）、0.0001g（mL）时，则表内数据应相应增大10倍，其余类推。

# 实训报告

笔记

**操作记录**

实训名称：

班级：　　　　　　　　姓名：　　　　　　　　学号：

**培养基及试剂配制**

| 时间 | 培养基（试剂）名称 | 成分 /g | 蒸馏水 /L | pH 值 | 容量规格 /［mL/ 瓶（管）］ | 数量 / 瓶（管） | 灭菌方式 | 灭菌温度 /℃ | 灭菌时间 /min | 配制人 |
| --- | --- | --- | --- | --- | --- | --- | --- | --- | --- | --- |
|  |  |  |  |  |  |  |  |  |  |  |
|  |  |  |  |  |  |  |  |  |  |  |
|  |  |  |  |  |  |  |  |  |  |  |
|  |  |  |  |  |  |  |  |  |  |  |

**检验记录单**

检测项目：　　　　　　　　检测依据：

样品名称：　　　　　　　　样品数量：

收样日期：　　　　　　　　检测日期：

操作步骤及反思：

**观察结果**

| 菌落形态特征描述 | B-P 平板： |
| --- | --- |
|  | 血平板： |
| 染色镜检 | 形态：　　　　颜色：　　　　染色判定： |

| 各稀释度证实为阳性的管数 |  |  | 查 MPN 表结果报告 | 产品限量要求 | 单项判定 |
| --- | --- | --- | --- | --- | --- |
|  |  |  |  |  |  |
|  |  |  |  |  |  |

计算过程：

检测人：　　　　　　　　复核人：

笔记

**拓展训练**

1. 金黄色葡萄球菌检验有何意义？

2. 如何鉴定金黄色葡萄球菌典型菌落？

3. 金黄色葡萄球菌的三种检验方法分别适用于哪些样品？

**任务评价**

| 序号 | 评价项目 | 评价内容 | 分值 | 评分 |
|---|---|---|---|---|
| 1 | 自我评价 | 实训准备、实训过程及实训结果 | 20 | |
| 2 | 组内评价 | 完成任务的态度、能力、团队协作 | 20 | |
| 3 | 组间评价 | 环境卫生、结果报告、大局意识 | 15 | |
| 4 | 教师评价 | 学习态度、实训过程及实训报告 | 45 | |
| 合计 | | | 100 | |

自我评价与总结：

教师点评：

任务二

# 沙门氏菌检验

## 知识准备

### 一、沙门氏菌生物学特性

（1）形态　沙门氏菌为革兰氏阴性小杆菌，长 1 ～ 3μm，宽 0.5 ～ 0.8μm，无芽孢，一般无荚膜。除雏沙门氏菌和鸡沙门氏菌无鞭毛不运动外，其余各菌均以周生鞭毛运动，且绝大多数具有 I 型菌毛。

（2）培养特性　需氧及兼性厌氧菌，在普通琼脂培养基上生长良好，培养 24h 后，形成中等大小、圆形、表面光滑、边缘整齐、无色半透明的菌落。在鉴别培养基（麦康凯、SS、伊红美蓝）上形成无色菌落，在三糖铁琼脂斜面上，斜面为红色，底部变黑并产气。

（3）生化特性　一般发酵葡萄糖、麦芽糖、甘露醇和山梨醇产气；不发酵乳糖、蔗糖和侧金盏花醇；不产吲哚，V-P 反应阴性；不水解尿素，对苯丙氨酸不脱氨。伤寒沙门氏菌、鸡伤寒沙门氏菌及一部分鸡白痢沙门氏菌发酵糖不产气，大多数鸡白痢沙门氏菌不发酵麦芽糖；除鸡白痢沙门氏菌、猪伤寒沙门氏菌、甲型副伤寒沙门氏菌、伤寒沙门氏菌和仙台沙门氏菌等外，均能利用柠檬酸盐。

### 二、检验意义

沙门氏菌是社区获得性、食源性、细菌性胃肠炎的首要病原菌，每年全球因食品中沙门氏菌污染引起的感染病例数以亿计，占食源性致病菌引起食物中毒总数的 56% 左右。沙门氏菌食物中毒的潜伏期最短 2h，长者可达 72h，主要有胃肠型、伤寒型和败血症型等。起病急，体温升高至 38 ～ 40℃，伴呕吐、腹痛、腹泻等症状。病情轻重不一，一般病程短，预后较好，但严重者也可引起死亡。

# 任务实施

## 一、设备与材料

| 项目 | 内容 |
| --- | --- |
| 设备 | 恒温培养箱（36℃ ±1℃，42℃ ±1℃）、冰箱（2 ～ 5℃）、恒温水浴箱（37 ～ 65℃）、天平（感量为 0.1g）、均质器、超净工作台、高压蒸汽灭菌锅、全自动微生物生化鉴定系统 |
| 材料 | 无菌锥形瓶（250mL、500mL）、无菌吸管（1mL、10mL）或微量移液器及吸头、无菌培养皿（直径 90mm）、无菌试管（3mm×50mm、10mm×75mm）、pH 计或精密 pH 试纸 |

## 二、培养基与试剂

| 名称 | 成分 | 制法 |
| --- | --- | --- |
| 缓冲蛋白胨水（BPW） | 蛋白胨 10.0g<br>氯化钠 5.0g<br>磷酸氢二钠 9.0g<br>磷酸二氢钾 1.5g<br>蒸馏水 1000mL | 将各成分加入蒸馏水中，搅拌均匀，静止约 10min，煮沸溶解，调节 pH 至 7.2±0.2，高压灭菌 121℃，15min |
| 四硫磺酸钠煌绿（TTB）增菌液 | 基础液 900mL<br>硫代硫酸钠溶液 100mL<br>碘溶液 20.0mL<br>煌绿水溶液 2.0mL<br>牛胆盐溶液 50.0mL | 临用前，按顺序以无菌操作依次加入基础液中，每加入一种成分，均应摇匀后再加入另一种成分 |
| 亚硒酸盐胱氨酸（SC）增菌液 | 蛋白胨 5.0g<br>乳糖 4.0g<br>磷酸氢二钠 10.0g<br>亚硒酸氢钠 4.0g<br>L- 胱氨酸 0.01g<br>蒸馏水 1000mL | 除亚硒酸氢钠和 L-胱氨酸外，将各成分加入蒸馏水中，煮沸溶解，冷却至 55℃以下，以无菌操作加入亚硒酸氢钠和 1g/L L-胱氨酸溶液 10mL 摇匀，调节 pH 至 7.2±0.2 |
| 亚硫酸铋（BS）琼脂 | 蛋白胨 10.0g<br>牛肉膏 5.0g<br>葡萄糖 5.0g<br>硫酸亚铁 0.3g<br>磷酸氢二钠 4.0g<br>煌绿 0.025g<br>柠檬酸铋铵 2.0g<br>亚硫酸钠 6.0g<br>琼脂 18.0 ～ 20.0g<br>蒸馏水 1000mL | 将前三种成分加入 300mL 蒸馏水，硫酸亚铁和磷酸氢二钠分别加入 20mL 和 30mL 蒸馏水中，柠檬酸铋铵和亚硫酸钠分别加入另 20mL 和 30mL 蒸馏水中，煮沸溶解并混匀，调节 pH 至 7.5±0.2。随即加入 600mL 琼脂溶解液混合均匀，冷却至 50 ～ 55℃。加入煌绿溶液，充分混匀后倾注平皿 |

续表

| 名称 | 成分 | 制法 |
| --- | --- | --- |
| 木糖赖氨酸脱氧胆盐（XLD）琼脂 | 酵母膏 3.0g<br>L-赖氨酸 5.0g<br>木糖 3.75g<br>乳糖 7.5g<br>蔗糖 7.5g<br>去氧胆酸钠 2.5g<br>柠檬酸铁铵 0.8g<br>硫代硫酸钠 6.8g<br>氯化钠 5.0g<br>琼脂 15.0g<br>酚红 0.08g<br>蒸馏水 1000mL | 除酚红和琼脂外，将其他成分加入400mL蒸馏水中，煮沸溶解，调节pH至7.4±0.2。另将琼脂加入600mL蒸馏水中，煮沸溶解。将上述两溶液混合均匀后，再加入指示剂，待冷却至50～55℃倾注平皿 |

## 三、操作步骤

具体检验程序见图4-7。

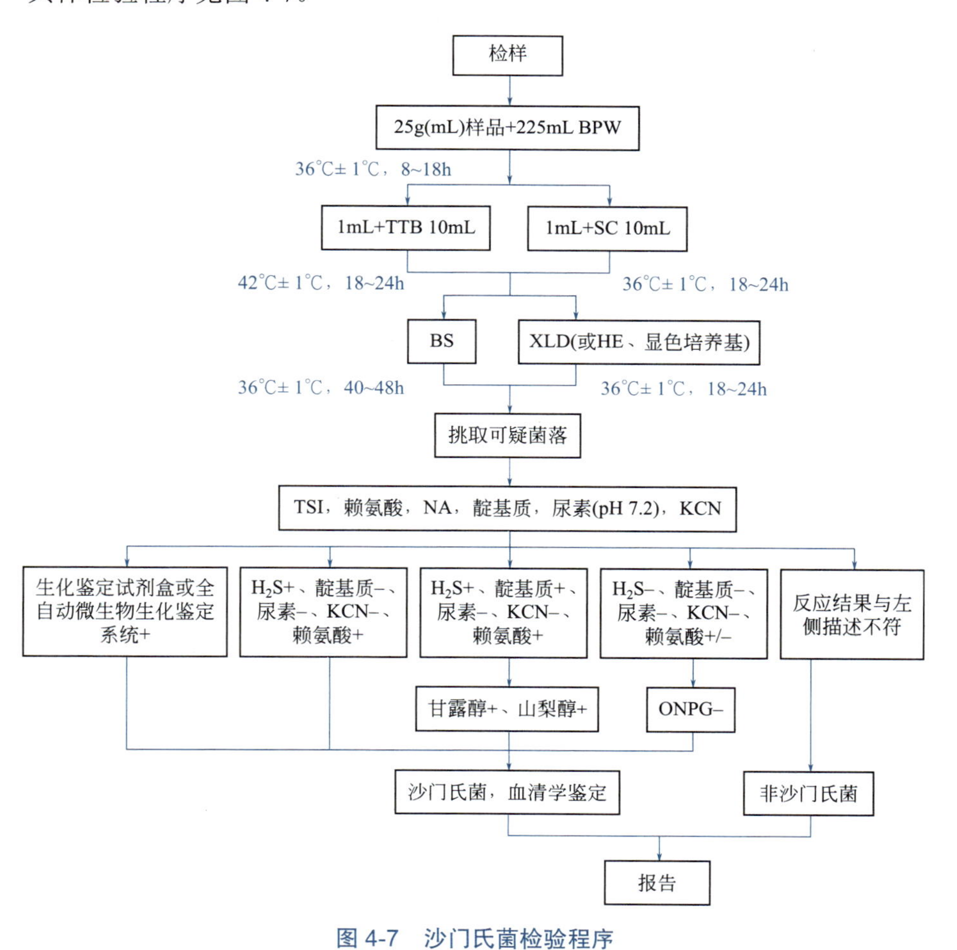


图4-7 沙门氏菌检验程序

笔记

## 1. 预增菌

称取 25g±0.1g 样品置于盛有 225mL BPW 的无菌均质袋中，用拍击式均质器 230r/min 条件下拍打 1～2min，制成 1∶10 的样品匀液。若样品为液态，用无菌吸管吸取 25mL±0.1mL，加入 225mL BPW 的无菌锥形瓶或者无菌均质袋中。如需测定 pH 值，用 1mol/mL 无菌 NaOH 或 HCl 调 pH 至 6.8±0.2。将样品匀液于 36℃ ±1℃培养 8～18h。如为冷冻产品，应在 45℃以下不超过 15min，或 2～5℃不超过 18h 解冻。

## 2. 增菌

轻轻摇动培养过的 BPW 培养液，使用灭菌的移液管或者移液器移取 1mL 预增菌液，转种于 10mL TTB 内，于 42℃ ±1℃培养 18～24h。同时，另取预增菌液后的培养物 1mL，转种于 10mL SC 内，涡旋混匀，于 36℃ ±1℃培养 18～24h。

## 3. 分离

分别用直径 3mm 的接种环取增菌液 1 环，划线接种于一个 BS 琼脂平板和一个 XLD 琼脂平板（或 HE 琼脂平板，或沙门氏菌显色培养基平板），于 36℃ ±1℃分别培养 40～48h（BS 琼脂平板）或 18～24h（XLD 琼脂平板、HE 琼脂平板、沙门氏菌显色培养基平板），观察各个平板上生长的菌落。各个平板上的菌落特征见图 4-8 和表 4-2。

(a) 亚硫酸铋(BS)琼脂平板

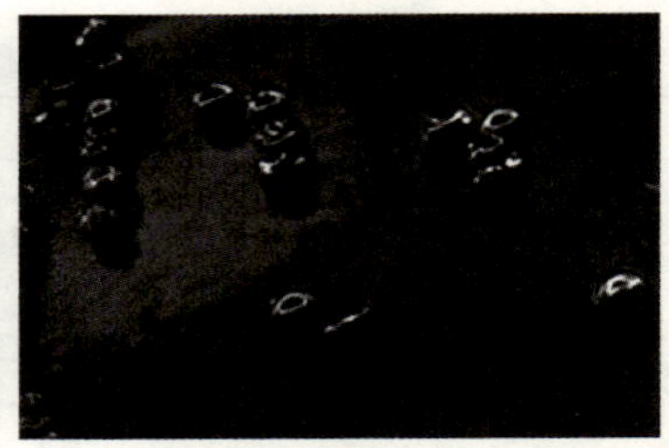

(b) 木糖赖氨酸脱氧胆盐(XLD)琼脂平板

图 4-8　沙门氏菌在两种平板上的菌落形态

表4-2　沙门氏菌在不同选择性琼脂平板上的菌落特征

| 选择性琼脂平板 | 沙门氏菌 |
|---|---|
| BS 琼脂 | 菌落为黑色，有金属光泽，或呈棕褐色或灰色，菌落周围培养基可呈黑色或棕色；有些菌株形成灰绿色的菌落，周围培养基不变 |
| HE 琼脂 | 菌落呈蓝绿色或蓝色，多数菌落中心黑色或几乎全黑色；有些菌株为黄色，中心黑色或几乎全黑色 |
| XLD 琼脂 | 菌落呈粉红色，带或不带黑色中心，有些菌株呈现大的带光泽的黑色中心，或菌落全部呈黑色；有些菌株为黄色，带或不带黑色中心 |
| 沙门氏菌显色培养基 | 按照显色培养基的说明进行判定 |

## 4. 生化试验

（1）自选择性琼脂平板上分别挑取 2 个以上典型或可疑菌落，接种三糖铁（TSI）

笔记

琼脂，先在斜面划线，再于底层穿刺；接种针不要灭菌，直接接种赖氨酸脱羧酶试验培养基和营养琼脂平板（NA），于36℃ ±1℃培养18 ～ 24h，必要时可延长至48h。在三糖铁琼脂和赖氨酸脱羧酶试验培养基内，沙门氏菌的反应结果见表4-3。

表4-3 沙门氏菌在三糖铁琼脂和赖氨酸脱羧酶试验培养基内的反应结果

| 三糖铁琼脂 | | | | 赖氨酸脱羧酶试验培养基 | 初步判断 |
|---|---|---|---|---|---|
| 斜面 | 底层 | 产气 | $H_2S$ | | |
| K | A | +（–） | +（–） | + | 可疑沙门氏菌 |
| K | A | +（–） | +（–） | – | 可疑沙门氏菌 |
| A | A | +（–） | +（–） | + | 可疑沙门氏菌 |
| A | A | +/– | +/– | – | 可疑沙门氏菌 |
| K | K | +/– | +/– | +/– | 可疑沙门氏菌 |

注：K—产碱；A—产酸；+—阳性；–—阴性；+(–)—多数阳性，少数阴性；+/–—阳性或阴性。

（2）接种三糖铁琼脂和赖氨酸脱羧酶试验培养基的同时，可直接接种蛋白胨水（做靛基质试验）、尿素琼脂（pH 7.2）、氰化钾（KCN）培养基，也可在初步判断结果后从营养琼脂平板上挑取可疑菌落接种。于36℃ ±1℃培养18 ～ 24h，必要时可延长至48h，按表4-4判定结果。将已挑菌落的平板储存于2 ～ 5℃或室温至少保留24h，以备必要时复查。

表4-4 沙门氏菌生化反应初步鉴别表（一）

| 反应序号 | $H_2S$ | 靛基质 | pH 7.2 尿素 | KCN | 赖氨酸脱羧酶 |
|---|---|---|---|---|---|
| A1 | + | – | – | – | + |
| A2 | + | + | – | – | + |
| A3 | – | – | – | – | +/– |

注：+—阳性；–—阴性；+/–—阳性或阴性。

① 反应序号A1　典型反应判定为沙门氏菌。如尿素、KCN和赖氨酸脱羧酶3项中有1项异常，按表4-5可判定为沙门氏菌。如有2项异常为非沙门氏菌。

表4-5 沙门氏菌生化反应初步鉴别表（二）

| pH 7.2 尿素 | KCN | 赖氨酸脱羧酶 | 判定结果 |
|---|---|---|---|
| – | – | – | 甲型副伤寒沙门氏菌（要求血清学鉴定结果） |
| – | + | + | 沙门氏菌Ⅳ或Ⅴ（要求符合本群生化特性） |
| + | – | + | 沙门氏菌个别变体（要求血清学鉴定结果） |

注：+—阳性；–—阴性；+/–—阳性或阴性。

② 反应序号A2　补做甘露醇和山梨醇试验，沙门氏菌靛基质阳性变体两项试验结果均为阳性，但需要结合血清学鉴定结果进行判定。

③ 反应序号A3　补做ONPG（邻硝基酚$\beta$-D半乳糖苷）试验。ONPG阴性为

笔记

沙门氏菌，同时赖氨酸脱羧酶阳性，甲型副伤寒沙门氏菌为赖氨酸脱羧酶阴性。

④ 必要时按表 4-6 进行沙门氏菌生化群的鉴别。

表4-6 沙门氏菌各生化群的鉴别

| 项目 | Ⅰ | Ⅱ | Ⅲ | Ⅳ | Ⅴ | Ⅵ |
|---|---|---|---|---|---|---|
| 卫矛醇 | + | + | − | − | + | − |
| 山梨醇 | + | + | + | + | + | − |
| 水杨苷 | − | − | − | + | − | − |
| ONPG | − | − | + | − | + | − |
| 丙二酸盐 | − | + | + | − | − | − |
| KCN | − | − | − | + | + | − |

注：+—阳性；−—阴性。

（3）如选择生化鉴定试剂盒或全自动微生物生化鉴定系统，可根据表 4-3 的初步判断结果，从营养琼脂平板上挑取可疑菌落，用生理盐水制备成浊度适当的菌悬液，使用生化鉴定试剂盒或全自动微生物生化鉴定系统进行鉴定。

### 5. 血清学鉴定

（1）检查培养物有无自凝性　一般采用 1.2% ～ 1.5% 琼脂培养物作为玻片凝集试验用的抗原。首先排除自凝集反应 , 在洁净的玻片上滴加一滴生理盐水，将待试培养物混合于生理盐水滴内，成为均一性的混浊悬液，将玻片轻轻摇动 30 ～ 60s，在黑色背景下观察反应（必要时用放大镜观察），若出现可见的菌体凝集，即认为有自凝性，反之无自凝性。对无自凝的培养物参照下面方法进行血清学鉴定。

（2）多价菌体（O）抗原鉴定　在玻片上划出 2 个约 1cm×2cm 的区域，挑取 1 环待测菌，各放 1/2 环于玻片上的每一区域上部，在其中一个区域下部加 1 滴多价菌体（O）抗血清，在另一区域下部加入 1 滴生理盐水，作为对照。再用无菌的接种环或针分别将两个区域内的菌落研成乳状液。将玻片倾斜摇动混合 1min，并对着黑暗背景进行观察，任何程度的凝集现象皆为阳性反应。O 血清不凝集时，将菌株接种在琼脂量较高的培养基上再检查；如果是由于 Vi 抗原的存在而阻止了 O 凝集反应，可挑取菌苔于 1mL 生理盐水中做成浓菌液，于酒精灯火焰上煮沸后再检查。

（3）多价鞭毛（H）抗原鉴定　操作同上。H 抗原发育不良时，将菌株接种在 0.55% ～ 0.65% 半固体琼脂平板的中央，待菌落蔓延生长时，在其边缘部分取菌检查；或将菌株通过接种装有 0.3% ～ 0.4% 半固体琼脂的小玻管 1 ～ 2 次，自远端取菌培养后再检查。

### 6. 结果与报告

综合以上生化试验和血清学鉴定的结果，报告 25g 样品中检出或未检出沙门氏菌。

# 实训报告

笔记

**操作记录**

实训名称：

班级：　　　　姓名：　　　　学号：

**培养基及试剂配制**

| 时间 | 培养基（试剂）名称 | 成分 /g | 蒸馏水 /L | pH 值 | 容量规格 /［mL/ 瓶（管）］ | 数量 / 瓶（管） | 灭菌方式 | 灭菌温度 /℃ | 灭菌时间 /min | 配制人 |
|---|---|---|---|---|---|---|---|---|---|---|
| | | | | | | | | | | |
| | | | | | | | | | | |
| | | | | | | | | | | |
| | | | | | | | | | | |
| | | | | | | | | | | |

**检验记录单**

检测项目：　　　　检测依据：

样品名称：　　　　样品数量：

收样日期：　　　　检测日期：

操作步骤及反思：

**观察结果**

<table>
<tr><td rowspan="2">菌落形态特征描述</td><td colspan="9">BS 平板：</td></tr>
<tr><td colspan="9">XLD 平板：</td></tr>
<tr><td rowspan="2">生理生化试验结果</td><td>$H_2S$</td><td>靛基质</td><td>尿素</td><td>KCN</td><td colspan="2">赖氨酸脱羧酶</td><td>甘露醇</td><td>山梨醇</td><td>ONPG</td></tr>
<tr><td></td><td></td><td></td><td></td><td></td><td></td><td></td><td></td><td></td></tr>
<tr><td>结果报告</td><td colspan="2"></td><td colspan="2">产品限量要求</td><td colspan="2"></td><td colspan="2">单项判定</td><td></td></tr>
</table>

检测人：　　　　复核人：

笔记

| 拓展训练 |
| --- |
| 1. 沙门氏菌有哪些生物学特性？ |
| |
| 2. 沙门氏菌的检验都包括哪些步骤，分别使用哪些培养基？ |
| |
| 3. 沙门氏菌生化鉴定试验包括哪些？ |
| |

任务评价

| 序号 | 评价项目 | 评价内容 | 分值 | 评分 |
| --- | --- | --- | --- | --- |
| 1 | 自我评价 | 实训准备、实训过程及实训结果 | 20 | |
| 2 | 组内评价 | 完成任务的态度、能力、团队协作 | 20 | |
| 3 | 组间评价 | 环境卫生、结果报告、大局意识 | 15 | |
| 4 | 教师评价 | 学习态度、实训过程及实训报告 | 45 | |
| 合计 | | | 100 | |

自我评价与总结：

教师点评：

# 任务三

## 副溶血性弧菌检验

## 知识准备

### 一、生物学特征

副溶血性弧菌是革兰氏染色阴性兼性厌氧菌，随培养基不同菌体形态差异较大，有卵圆形、棒形、球杆状、梨状、弧形等多种形态。菌体一端有鞭毛，无芽孢，无荚膜。副溶血性弧菌嗜盐微畏酸，在无盐培养基上不能生长，在 3% ～ 6% 盐水中繁殖迅速，低于 0.5% 或高于 8% 盐水中停止生长。副溶血性弧菌对营养要求不高，不耐热、不耐冷、不耐酸，对常用的消毒剂抵抗力较弱。生长所需 pH 为 7.0 ～ 9.5，最适 pH 为 7.7。

### 二、检验意义

副溶血性弧菌是一种嗜盐性细菌，主要存在于温带地区的海水、海水沉积物和鱼虾、贝类等海产品中，是沿海国家和地区食物中毒的主要致病菌，主要污染水产制品或交叉污染肉制品等，可能导致急性胃肠炎、反应性关节炎等，有时甚至引起原发性败血症。由副溶血性弧菌引起的食物中毒一般表现为急发病，潜伏期 2 ～ 24h，一般 6 ～ 10h 发病。主要的症状为腹痛，在脐部附近剧烈。该菌的致病性与带菌量与携带致病基因密切相关。2015 年国家卫生和计划生育委员会通报的全国食物中毒事件中，微生物性食物中毒人数最多，占总中毒人数的 43%，副溶血性弧菌是首要的致病因子。

### 三、限量标准与检验方法

《食品安全国家标准　预包装食品中致病菌限量》（GB 29921—2021）中规定了副溶血性弧菌的限量标准，规定水产制品（包括熟制水产品、即食自制水产品、

笔记

即食藻类制品）和水产调味品中，$n$=5，$c$=1，$m$=100MPN/g，$M$=1000MPN/g。目前我国食品中副溶血性弧菌的检验依据国家标准《食品微生物学检验　副溶血性弧菌检验》（GB 4789.7—2013）中的方法进行，本方法对食品中可能存在的副溶血性弧菌通过增菌、分离培养、生化鉴定、血清分型等过程进行定性和定量检验。

# 任务实施

## 一、设备与材料

| 项目 | 内容 |
| --- | --- |
| 设备 | 恒温培养箱（36℃ ±1℃）、冰箱（2 ～ 5℃、7 ～ 10℃）、恒温水浴箱（36℃ ±1℃）、天平（感量为 0.1g）、均质器、超净工作台、高压蒸汽灭菌锅 |
| 材料 | 无菌试管（18mm×180mm、15mm×100mm）、10mL 无菌吸管（1mL、10mL）、微量移液器及吸头、无菌锥形瓶（容量 250mL、500mL、1000mL）、无菌培养皿（直径 90mm）、试管、精密 pH 试纸 |

## 二、培养基与试剂

| 名称 | 成分 | 制法 |
| --- | --- | --- |
| 3% 氯化钠碱性蛋白胨水 | 蛋白胨 10.0g<br>氯化钠 30.0g<br>蒸馏水 1000mL | 将所有成分溶于蒸馏水中，校正 pH 至 8.5±0.2，121℃高压灭菌 10min |
| 硫代硫酸盐 - 柠檬酸盐 - 胆盐 - 蔗糖（TCBS）琼脂 | 蛋白胨 10.0g<br>酵母浸膏 5.0g<br>柠檬酸钠 10.0g<br>硫代硫酸钠 10.0g<br>氯化钠 10.0g<br>牛胆汁粉 5.0g<br>柠檬酸铁 1.0g<br>胆酸钠 3.0g<br>蔗糖 20.0g<br>溴麝香草酚蓝 0.04g<br>麝香草酚蓝 0.04g<br>琼脂 15.0g<br>蒸馏水 1000mL | 将所有成分溶于蒸馏水中，校正 pH 至 8.6±0.2，加热煮沸至完全溶解。冷却至 50℃左右倾注平板备用 |
| 3% 氯化钠胰蛋白胨大豆琼脂 | 胰蛋白胨 15.0g<br>大豆蛋白胨 5.0g<br>氯化钠 30.0g<br>琼脂 15.0g<br>蒸馏水 1000mL | 将所有成分溶于蒸馏水中，校正 pH 至 7.3±0.2，121℃高压灭菌 15min |

续表

| 名称 | 成分 | 制法 |
| --- | --- | --- |
| 3% 氯化钠三糖铁琼脂 | 蛋白胨 15.0g<br>脲蛋白胨 5.0g<br>牛肉膏 3.0g<br>酵母浸膏 3.0g<br>氯化钠 30.0g<br>乳糖 10.0g<br>蔗糖 10.0g<br>葡萄糖 1.0g<br>硫酸亚铁 0.2g<br>苯酚红 0.024g<br>硫代硫酸钠 0.3g<br>琼脂 12.0g<br>蒸馏水 1000mL | 将所有成分溶于蒸馏水中，校正pH至7.4±0.2，分装到适当容量的试管中。121℃高压灭菌15min。制成高层斜面，斜面长4～5cm，高层深度为2～3cm |
| 嗜盐性试验培养基 | 胰蛋白胨 10.0g<br>氯化钠 按不同量加入<br>蒸馏水 1000mL | 将所有成分溶于蒸馏水中，校正pH至7.2±0.2，共配制5瓶，每瓶100mL。每瓶分别加入不同量（3g、6g、8g、10g）的氯化钠。分装试管，121℃高压灭菌15min |
| 3% 氯化钠甘露醇试验培养基 | 蛋白胨 5.0g<br>酵母浸膏 3.0g<br>葡萄糖 1.0g<br>溴甲酚紫 0.02g<br>L- 赖氨酸 5.0g<br>氯化钠 30.0g<br>蒸馏水 1000mL | 将各成分溶于蒸馏水中，校正pH至7.4±0.2，分装小试管，121℃高压灭菌10min。从琼脂斜面上挑取培养物接种，于36℃±1℃培养不少于24h，观察结果 |
| 3% 氯化钠 MR-VP 培养基 | 多胨 7.0g<br>葡萄糖 5.0g<br>磷酸氢二钾 5.0g<br>氯化钠 30.0g<br>蒸馏水 1000mL | 将各成分溶于蒸馏水中，校正pH至6.9±0.2，分装试管，121℃高压灭菌15min |
| 3% 赖氨酸脱羧酶试验培养基 | 蛋白胨 5.0g<br>酵母浸膏 3.0g<br>葡萄糖 1.0g<br>溴甲酚紫 0.02g<br>L- 赖氨酸 5.0g<br>氯化钠 30.0g<br>蒸馏水 1000mL | 将除赖氨酸以外的成分溶于蒸馏水中，校正pH至6.8±0.2。再按0.5%比例加入赖氨酸，对照不加赖氨酸。分装小试管，每管0.5mL，121℃高压灭菌15min |

## 三、操作步骤

具体检验程序见图4-9。

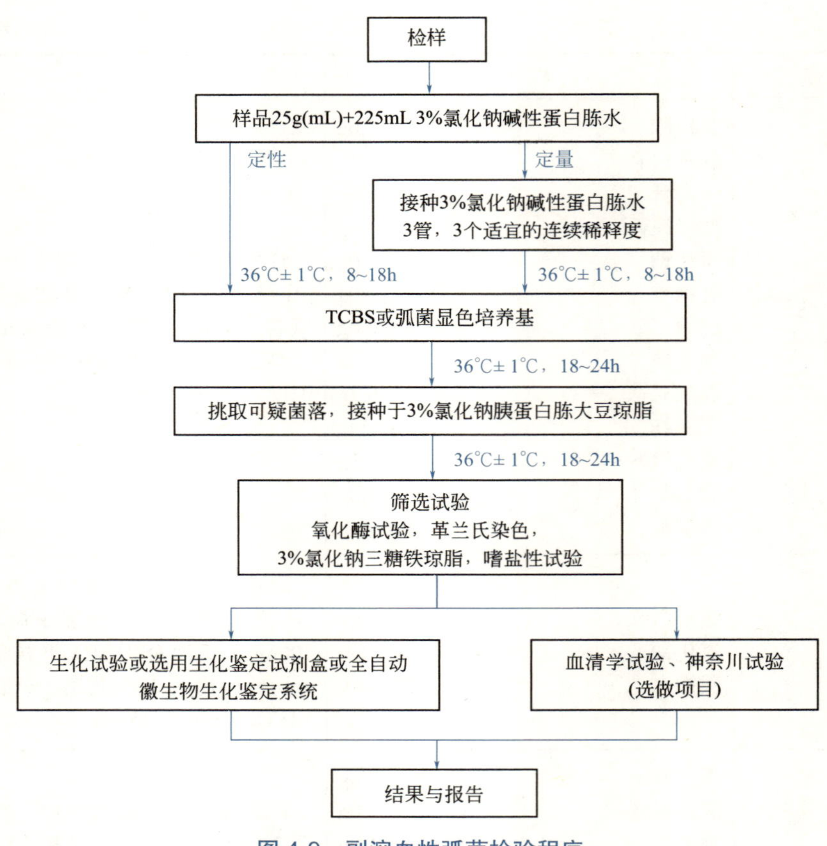


图 4-9　副溶血性弧菌检验程序

### 1. 样品制备

（1）非冷冻样品采集后应立即置 7 ～ 10℃冰箱保存，尽可能及早检验；冷冻样品应在 45℃以下不超过 15min 或在 2 ～ 5℃不超过 18h 解冻。

（2）鱼类和头足类动物取表面组织、肠或鳃；贝类取全部内容物，包括贝肉和体液；甲壳类取整个动物，或者动物的中心部分，包括肠和鳃。带壳贝类或甲壳类，则应先在自来水中洗刷外壳并甩干表面水分，然后以无菌操作打开外壳，按上述要求取相应部分。

（3）以无菌操作取样品 25g（mL），加入 3% 氯化钠碱性蛋白胨水 225mL，用旋转刀片式均质器以 8000r/min 均质 1min，或拍击式均质器拍击 2min，制备成 1∶10 的样品匀液。如无均质器，则将样品放入无菌乳钵，自 225mL 3% 氯化钠碱性蛋白胨水中取少量稀释液加入无菌乳钵，样品磨碎后放入 500mL 无菌锥形瓶，再用少量稀释液冲洗乳钵中的残留样品 1 ～ 2 次，洗液放入锥形瓶，最后将剩余稀释液全部放入锥形瓶，充分振荡，制备 1∶10 的样品匀液。

### 2. 增菌

（1）定性检测　将制备的 1∶10 样品匀液于 36℃ ±1℃培养 8 ～ 18h。

（2）定量检测　用无菌吸管吸取 1∶10 样品匀液 1mL，注入含有 9mL 3% 氯化钠碱性蛋白胨水的试管内，振摇试管混匀，制备 1∶100 的样品匀液。另取 1mL

笔记

无菌吸管，按以上操作程序，依次制备10倍系列稀释样品匀液，每递增稀释一次，换用一支1mL无菌吸管。选择3个适宜的连续稀释度，每个稀释度接种3支含有9mL 3%氯化钠碱性蛋白胨水的试管，每管接种1mL。置36℃ ±1℃恒温箱内，培养8～18h。

### 3. 分离

对所有显示生长的增菌液，用接种环在距离液面以下1cm内蘸取一环增菌液，于TCBS平板或弧菌显色培养基平板上划线分离。一支试管划线一块平板。于36℃ ±1℃培养18～24h。

典型的副溶血性弧菌在TCBS上呈圆形、半透明、表面光滑的绿色菌落，用接种环轻触，有类似口香糖的质感，直径2～3mm。从培养箱取出TCBS平板后，应尽快（不超过1h）挑取菌落或标记要挑取的菌落。典型的副溶血性弧菌在弧菌显色培养基上的特征按照产品说明进行判定。

### 4. 纯培养

挑取3个或以上可疑菌落，划线接种3%氯化钠胰蛋白胨大豆琼脂平板，36℃ ±1℃培养18～24h。

### 5. 初步鉴定

（1）氧化酶试验　挑选纯培养的单菌落进行氧化酶试验，副溶血性弧菌为氧化酶阳性。

（2）涂片镜检　将可疑菌落涂片，进行革兰氏染色，镜检观察形态。副溶血性弧菌为革兰氏阴性，呈棒状、弧状、卵圆状等多形态，无芽孢，有鞭毛。

（3）挑取纯培养的单个可疑菌落，转种3%氯化钠三糖铁琼脂斜面并穿刺底层，36℃ ±1℃培养24h观察结果。副溶血性弧菌在3%氯化钠三糖铁琼脂中的反应为底层变黄不变黑，无气泡，斜面颜色不变或红色加深，有动力。

（4）嗜盐性试验　挑取纯培养的单个可疑菌落，分别接种0%、6%、8%和10%不同氯化钠浓度的胰胨水，36℃ ±1℃培养24h，观察液体混浊情况。副溶血性弧菌在无氯化钠和10%氯化钠的胰胨水中不生长或微弱生长，在6%氯化钠和8%氯化钠的胰胨水中生长旺盛。

### 6. 确证试验

取纯培养物分别接种含3%氯化钠的甘露醇试验培养基、赖氨酸脱羧酶试验培养基、MR-VP培养基，36℃ ±1℃培养24～48h后观察结果；3%氯化钠三糖铁琼脂隔夜培养物进行ONPG试验。可选择生化鉴定试剂盒或全自动微生物生化鉴定系统。

### 7. 结果与报告

根据检出的可疑菌落生化性状，报告25g（mL）样品中是否检出副溶血性弧菌。如果进行定量检测，根据证实为副溶血性弧菌阳性的试管管数，查最可能数（MPN）检索表（表4-7），报告1g（mL）副溶血性弧菌的MPN值。

笔记

表4-7　副溶血性弧菌最可能数（MPN）检索表

| 阳性管数 | | | MPN | 95% 可信限 | | 阳性管数 | | | MPN | 95% 可信限 | |
|---|---|---|---|---|---|---|---|---|---|---|---|
| 0.10 | 0.01 | 0.001 | | 下限 | 上限 | 0.10 | 0.01 | 0.001 | | 下限 | 上限 |
| 0 | 0 | 0 | ＜3.0 | — | 9.5 | 2 | 2 | 0 | 21 | 4.5 | 42 |
| 0 | 0 | 1 | 3.0 | 0.15 | 9.6 | 2 | 2 | 1 | 28 | 8.7 | 94 |
| 0 | 1 | 0 | 3.0 | 0.15 | 11 | 2 | 2 | 2 | 35 | 8.7 | 94 |
| 0 | 1 | 1 | 6.1 | 1.2 | 18 | 2 | 3 | 0 | 29 | 8.7 | 94 |
| 0 | 2 | 0 | 6.2 | 1.2 | 18 | 2 | 3 | 1 | 36 | 8.7 | 94 |
| 0 | 3 | 0 | 9.4 | 3.6 | 38 | 3 | 0 | 0 | 23 | 4.6 | 94 |
| 1 | 0 | 0 | 3.6 | 0.17 | 18 | 3 | 0 | 1 | 38 | 8.7 | 110 |
| 1 | 0 | 1 | 7.2 | 1.3 | 18 | 3 | 0 | 2 | 64 | 17 | 180 |
| 1 | 0 | 2 | 11 | 3.6 | 38 | 3 | 1 | 0 | 43 | 9 | 180 |
| 1 | 1 | 0 | 7.4 | 1.3 | 20 | 3 | 1 | 1 | 75 | 17 | 200 |
| 1 | 1 | 1 | 11 | 3.6 | 38 | 3 | 1 | 2 | 120 | 37 | 420 |
| 1 | 2 | 0 | 11 | 3.6 | 42 | 3 | 1 | 3 | 160 | 40 | 420 |
| 1 | 2 | 1 | 15 | 4.5 | 42 | 3 | 2 | 0 | 93 | 18 | 420 |
| 1 | 3 | 0 | 16 | 4.5 | 42 | 3 | 2 | 1 | 150 | 37 | 420 |
| 2 | 0 | 0 | 9.2 | 1.4 | 38 | 3 | 2 | 2 | 210 | 40 | 430 |
| 2 | 0 | 1 | 14 | 3.6 | 42 | 3 | 2 | 3 | 290 | 90 | 1000 |
| 2 | 0 | 2 | 20 | 4.5 | 42 | 3 | 3 | 0 | 240 | 42 | 1000 |
| 2 | 1 | 0 | 15 | 3.7 | 42 | 3 | 3 | 1 | 460 | 90 | 2000 |
| 2 | 1 | 1 | 20 | 4.5 | 42 | 3 | 3 | 2 | 1100 | 180 | 4100 |
| 2 | 1 | 2 | 27 | 8.7 | 94 | 3 | 3 | 3 | ＞1100 | 420 | — |

注：1. 本表采用 3 个稀释度［0.1g(mL)、0.01g(mL) 和 0.001g(mL)］，每个稀释度接种 3 管。

2. 表内所列检样量如改用 1g(mL)、0.1g(mL) 和 0.01g(mL) 时，表内数据应相应缩小 10 倍；如改用 0.01g（mL）、0.001g（mL）、0.0001g（mL）时，则表内数据应相应增大 10 倍，其余类推。

## 实训报告

笔记

**操作记录**

实训名称：

班级： 姓名： 学号：

**培养基及试剂配制**

| 时间 | 培养基（试剂）名称 | 成分 /g | 蒸馏水 /L | pH 值 | 容量规格 /［mL/ 瓶（管）］ | 数量 / 瓶（管） | 灭菌方式 | 灭菌温度 /℃ | 灭菌时间 /min | 配制人 |
|---|---|---|---|---|---|---|---|---|---|---|
| | | | | | | | | | | |
| | | | | | | | | | | |
| | | | | | | | | | | |
| | | | | | | | | | | |
| | | | | | | | | | | |

**检验记录单**

检测项目： 检测依据：

样品名称： 样品数量：

收样日期： 检测日期：

操作步骤及反思：

**观察现象和结果**

| | | |
|---|---|---|
| 初步鉴定 | 氧化酶实验 | |
| | 涂片镜检 | |
| | 3% 氯化钠三糖铁 | |
| | 嗜盐性试验 | |
| 生化试验 | 3% 氯化钠甘露醇 | |
| | 赖氨酸脱羧酶 | |
| 确证试验 | MR-VP 培养基 | |
| | API20E 试剂盒 | |

| 结果报告 | | 产品限量要求 | | 单项判定 | |
|---|---|---|---|---|---|

检测人： 复核人：

笔记

| 拓展训练 |
| --- |
| 1. 副溶血性弧菌有哪些生物学特性？ |
|  |
| 2. 简述副溶血性弧菌在TCBS平板上的典型菌落特点。 |
|  |
| 3. 副溶血性弧菌的初步鉴定方法包括哪些？如何判定？ |
|  |

任务评价

| 序号 | 评价项目 | 评价内容 | 分值 | 评分 |
| --- | --- | --- | --- | --- |
| 1 | 自我评价 | 实训准备、实训过程及实训结果 | 20 |  |
| 2 | 组内评价 | 完成任务的态度、能力、团队协作 | 20 |  |
| 3 | 组间评价 | 环境卫生、结果报告、大局意识 | 15 |  |
| 4 | 教师评价 | 学习态度、实训过程及实训报告 | 45 |  |
| 合计 |  |  | 100 |  |

自我评价与总结：

教师点评：

任务四

# 单核细胞增生李斯特氏菌检验

## 知识准备

### 一、生物学特征

单核细胞增生李斯特氏菌（简称单增李斯特氏菌）为革兰氏阳性小杆菌，直或稍弯。20 ～ 25℃周生鞭毛，在 37℃只有较少的鞭毛或 1 根鞭毛，无芽孢、无荚膜。该菌营养要求不高，兼性厌氧。在 20 ～ 25℃培养有动力，穿刺培养 2 ～ 5d 可见倒立伞状生长。生长温度范围为 2 ～ 42℃，最适培养温度为 30 ～ 37℃。在固体培养基上，菌落初期极小，透明，边缘整齐，呈露滴状，但随着菌落的增大，变得不透明。在 5% ～ 7% 的血平板上，呈灰白色，刺种血平板培养后可产生窄小的 $\beta$- 溶血环。

### 二、流行病学

单核细胞增生李斯特氏菌广泛存分布在自然界中，土壤、地表水、污水、废水、青储饲料、动植物及食品中均有该菌存在，所以动物很容易食入该菌，并通过口腔—粪便的途径进行传播。单核细胞增生李斯特氏菌是一种人畜共患病的病原菌。该病的临床表现，健康成人个体出现轻微类似流感症状，新生儿、孕妇、免疫缺陷患者表现为呼吸急促、呕吐、出血性皮疹、化脓性结膜炎、发热、抽搐、昏迷、自然流产或死婴、脑膜炎、败血症甚至死亡。由该菌造成的脑膜炎的致死率可高达 70%，败血症的死亡率达 50%，孕妇感染非常危险。

### 三、检验方法

第一法适用于单核细胞增生李斯特氏菌的定性检验；第二法适用于单核细胞增生李斯特氏菌含量较高的食品中单核细胞增生李斯特氏菌的计数；第三法适用

笔记

于单核细胞增生李斯特氏菌含量较低（< 100CFU/g）而杂菌含量较高的食品中单核细胞增生李斯特氏菌的计数，特别是牛奶、水以及含干扰菌落计数的颗粒物质的食品。

# 子任务一　单核细胞增生李斯特氏菌定性检验

## 任务实施

### 一、设备与材料

| 项目 | 内容 |
|---|---|
| 设备 | 恒温培养箱（30℃ ±1℃、36℃ ±1℃）、冰箱（2 ～ 5℃、7 ～ 10℃）、恒温水浴箱（36℃ ±1℃）、天平（感量为 0.1g）、显微镜（10× ～ 100×）、均质器、超净工作台、高压蒸汽灭菌锅 |
| 材料 | 无菌试管（16mm×160mm）、10mL 无菌吸管（1mL、10mL）、微量移液器及吸头、无菌锥形瓶（100mL、500mL）、无菌培养皿（直径 90mm）、离心管（30mm×100mm）、精密 pH 试纸、马红球菌、小白鼠 |

### 二、培养基与试剂

| 名称 | 成分 | 制法 |
|---|---|---|
| 含 0.6% 酵母膏的胰酪胨大豆琼脂（TSA-YE） | 胰胨 17.0g<br>多价胨 3.0g<br>酵母膏 6.0g<br>氯化钠 5.0g<br>磷酸氢二钾 2.5g<br>葡萄糖 2.5g<br>琼脂 15.0g<br>蒸馏水 1000mL | 将各成分加热搅拌溶解，调节 pH 至 7.2±0.2，分装，121 ℃高压灭菌 15min，备用 |
| 含 0.6% 酵母浸膏的胰酪胨大豆肉汤（TSB-YE） | 胰胨 17.0g<br>多价胨 3.0g<br>酵母膏 6.0g<br>氯化钠 5.0g<br>磷酸氢二钾 2.5g<br>葡萄糖 2.5g<br>蒸馏水 1000mL | 将各成分加热搅拌溶解，调节 pH 至 7.2±0.2，分装，121 ℃高压灭菌 15min，备用 |

续表

| 名称 | 成分 | 制法 |
| --- | --- | --- |
| SIM 动力培养基 | 胰胨 20.0g<br>多价胨 6.0g<br>硫酸铁铵 0.2g<br>硫代硫酸钠 0.2g<br>琼脂 3.5g<br>蒸馏水 1000mL | 将各成分加热混匀，调节pH至7.2±0.2，分装小试管，121℃高压灭菌15min，备用。挑取纯培养的单个可疑菌落穿刺接种到SIM培养基中，25～30℃培养48h，观察结果 |
| 李氏增菌肉汤（$LB_1$、$LB_2$） | 胰胨 5.0g<br>多价胨 5.0g<br>酵母膏 5.0g<br>氯化钠 20.0g<br>磷酸二氢钾 1.4g<br>磷酸氢二钠 12.0g<br>七叶苷 1.0g<br>蒸馏水 1000mL | 将各成分加热溶解，调节pH至7.2±0.2，分装，121℃高压灭菌15min，备用。李氏Ⅰ液（$LB_1$）225mL中加入：1%萘啶酮酸0.5mL、1%吖啶黄0.3mL。李氏Ⅱ液（$LB_2$）200mL中加入：1%萘啶酮酸0.4mL、1%吖啶黄0.5mL |
| PALCAM琼脂 | 酵母膏 8.0g<br>葡萄糖 0.5g<br>七叶苷 0.8g<br>柠檬酸铁铵 0.5g<br>甘露醇 10.0g<br>酚红 0.1g<br>氯化锂 15.0g<br>酪蛋白胰酶消化物 10.0g<br>心胰酶消化物 3.0g<br>玉米淀粉 1.0g<br>肉胃酶消化物 5.0g<br>氯化钠 5.0g<br>琼脂 15.0g<br>蒸馏水 1000mL | 将各成分加热溶解，调节pH至7.2±0.2，分装，121℃高压灭菌15min，备用。将PALCAM基础培养基溶化后冷却到50℃，加入2mL PALCAM选择性添加剂，混匀后倾倒在无菌的平皿中，备用 |
| 缓冲葡萄糖蛋白胨水（MR-VP试验用） | 多价胨 7.0g<br>葡萄糖 0.5g<br>磷酸氢二钾 5.0g<br>蒸馏水 1000mL | 溶化后调节pH至7.0±0.2，分装试管，每管1mL，121℃高压灭菌15min，备用 |
| 甲基红（MR）试验 | 甲基红 10mg<br>95%乙醇 30mL<br>蒸馏水 20mL | 10mg甲基红溶于30mL 95%乙醇中，然后加入20mL蒸馏水。取适量琼脂培养物接种于缓冲葡萄糖蛋白胨水中，36℃ ±1℃培养2～5d。滴加甲基红试剂一滴，立即观察结果。鲜红色为阳性，黄色为阴性 |
| V-P试验 | 取α-萘酚6.0g，加无水乙醇溶解，定容至100mL，制成6% α-萘酚-乙醇溶液<br>取氢氧化钾40，加蒸馏水溶解，定容至100mL，配制成40%氢氧化钾溶液 | 取琼脂培养物接种于缓冲葡萄糖蛋白胨水中，36℃ ±1℃培养2～4d。加入6% α-萘酚-乙醇溶液0.5mL和40%氢氧化钾溶液0.2mL，充分振摇试管后观察结果。阳性反应立刻或于数分钟内出现红色；如为阴性，应放在36℃ ±1℃继续培养1h再进行观察 |

续表

| 名称 | 成分 | 制法 |
| --- | --- | --- |
| 糖发酵管 | 牛肉膏 5.0g<br>蛋白胨 10.0g<br>氯化钠 3.0g<br>磷酸氢二钠 2.0g<br>0.2% 溴麝香草酚蓝溶液 12mL<br>蒸馏水 1000mL | 各成分按比例配好后，按 0.5% 比例加入葡萄糖，分装于有一个倒置小管的小试管内，调节 pH 至 7.4，115℃高压灭菌 15min，备用。其他各种糖发酵管可按上述成分配好后，分装每瓶 100mL，115℃高压灭菌 15min。另将各种糖类分别配好 10% 溶液，同时高压灭菌。将 5mL 糖溶液加入 100mL 培养基内，以无菌操作分装于含倒置小管的小试管中。或按照葡萄糖发酵管的配制方法制备其他糖类发酵管 |
| 羊血琼脂 | 蛋白胨 1.0g<br>牛肉膏 0.3g<br>氯化钠 0.5g<br>琼脂 1.5g<br>蒸馏水 100mL<br>脱纤维羊血 5 ～ 8mL | 除新鲜脱纤维羊血外，加热溶化各组分，121℃高压灭菌 15min，冷却到 50℃，以无菌操作加入新鲜脱纤维羊血，摇匀，倾注平板 |

## 三、操作步骤

具体检验程序见图 4-10。

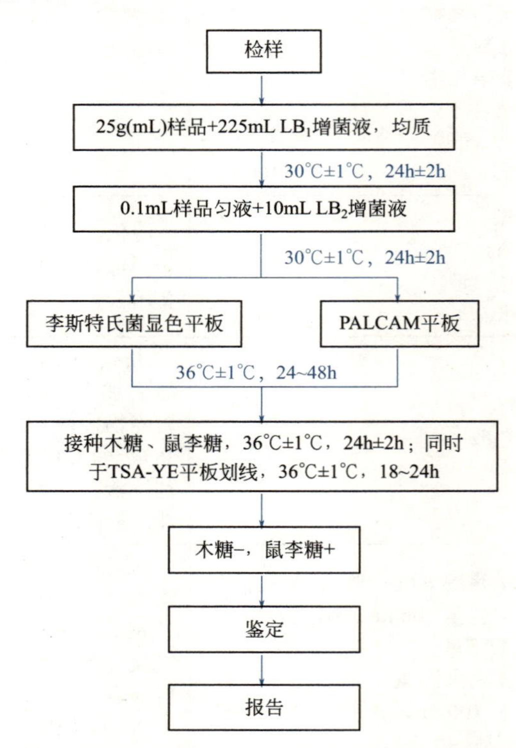


图 4-10　单核细胞增生李斯特氏菌定性检验程序

笔记

## 1. 增菌

以无菌操作取样品 25g（mL）加入到含有 225mL $LB_1$ 增菌液的均质袋中，在拍击式均质器上连续均质 1 ～ 2min；或放入盛有 225mL $LB_1$ 增菌液的均质杯中，以 8000 ～ 10000r/min 均质 1 ～ 2min。于 30℃ ±1℃培养 24h±2h，移取 0.1mL，转种于 10mL $LB_2$ 增菌液内，于 30℃ ±1℃培养 24h±2h。

## 2. 分离

取 $LB_2$ 二次增菌液划线接种于李斯特氏菌显色平板和 PALCAM 琼脂平板，于 36℃ ±1℃培养 24 ～ 48h，观察各个平板上生长的菌落。典型菌落在 PALCAM 琼脂平板上为小的圆形灰绿色菌落，周围有棕黑色水解圈，有些菌落有黑色凹陷；在李斯特氏菌显色平板上的菌落特征，参照产品说明进行判定。

## 3. 初筛

自选择性琼脂平板上分别挑取 3 ～ 5 个典型或可疑菌落，分别接种木糖、鼠李糖发酵管，于 36℃ ±1℃培养 24h±2h，同时在 TSA-YE 平板上划线，于 36℃ ±1℃培养 18 ～ 24h，然后选择木糖阴性、鼠李糖阳性的纯培养物继续进行鉴定。

## 4. 鉴定（或选择生化鉴定试剂盒或全自动微生物生化鉴定系统等）

（1）染色镜检　单增李斯特氏菌为革兰氏阳性短杆菌，大小为（0.4 ～ 0.5μm）×（0.5 ～ 2.0μm）；用生理盐水制成菌悬液，在油镜或相差显微镜下观察，该菌出现轻微旋转或翻滚样的运动。

（2）动力试验　挑取纯培养的单个可疑菌落穿刺半固体或 SIM 动力培养基，于 25 ～ 30℃培养 48h，单增李斯特氏菌有动力，在半固体或 SIM 培养基上方呈伞状生长，如伞状生长不明显，可继续培养 5d，再观察结果。

（3）生化鉴定　挑取纯培养的单个可疑菌落，进行过氧化氢酶试验，过氧化氢酶阳性反应的菌落继续进行糖发酵试验和 MR-VP 试验。单核细胞增生李斯特氏菌的主要生化特征见表 4-8。

表4-8　单核细胞增生李斯特氏菌的主要生化特征

| 菌种 | 溶血反应 | 葡萄糖 | 麦芽糖 | MR-VP | 甘露醇 | 鼠李糖 | 木糖 | 七叶苷 |
|---|---|---|---|---|---|---|---|---|
| 单核细胞增生李斯特氏菌 | + | + | + | +/+ | – | + | – | + |
| 格式李斯特氏菌 | – | + | + | +/+ | + | – | – | + |
| 斯式李斯特氏菌 | + | + | + | +/+ | – | – | + | + |
| 威式李斯特氏菌 | – | + | + | +/+ | – | V | + | + |
| 伊式李斯特氏菌 | + | + | + | +/+ | – | – | + | + |
| 英诺克李斯特氏菌 | – | + | + | +/+ | – | V | – | + |

注：+—阳性；–—阴性；V—反应不定。

笔记

（4）溶血试验　将新鲜的羊血琼脂平板底面划分为20～25个小格，挑取纯培养的单个可疑菌落刺种到血平板上，每格刺种一个菌落，并刺种阳性对照菌（单增李斯特氏菌、伊氏李斯特氏菌和斯氏李斯特氏菌）和阴性对照菌（英诺克李斯特氏菌）。穿刺时尽量接近底部，但不要触到底面，同时避免琼脂破裂，36℃ ±1℃培养24～48h。于明亮处观察，单增李斯特氏菌呈现狭窄、清晰、明亮的溶血圈，斯氏李斯特氏菌在刺种点周围产生弱的透明溶血圈，英诺克李斯特氏菌无溶血圈，伊氏李斯特氏菌产生宽的、轮廓清晰的$\beta$-溶血区域。若结果不明显，可置4℃冰箱24～48h再观察。

（5）协同溶血试验cAMP　在羊血琼脂平板上平行划线接种金黄色葡萄球菌和马红球菌，挑取纯培养的单个可疑菌落垂直划线接种于平行线之间，垂直线两端不要触及平行线，距离1～2mm，同时接种单核细胞增生李斯特氏菌、英诺克李斯特氏菌、伊氏李斯特氏菌和斯氏李斯特氏菌，于36℃ ±1℃培养24～48h。单核细胞增生李斯特氏菌在靠近金黄色葡萄球菌处出现约2mm $\beta$-溶血增强区域，斯氏李斯特氏菌也出现微弱的溶血增强区域，伊氏李斯特氏菌在靠近马红球菌处出现约5～10mm的“箭头状”$\beta$-溶血增强区域，英诺克李斯特氏菌不产生溶血现象。若结果不明显，可置4℃冰箱24～48h再观察。

5. 小鼠毒力试验

将符合上述特性的纯培养物接种于TSB-YE中，于36℃ ±1℃培养24h，4000r/min离心5min，弃上清液，用无菌生理盐水制备成浓度为$10^{10}$CFU/mL的菌悬液。取此菌悬液对3～5只小鼠进行腹腔注射，每只0.5mL，同时观察小鼠死亡情况。接种致病株的小鼠于2～5d内死亡。试验设单增李斯特氏菌致病株和灭菌生理盐水对照组。单核细胞增生李斯特氏菌、伊氏李斯特氏菌对小鼠有致病性。

6. 结果与报告

综合以上生化试验和溶血试验的结果，报告25g（mL）样品中检出或未检出单核细胞增生李斯特氏菌。

# 实训报告

笔记

<table>
<tr><td colspan="11" align="center">操作记录</td></tr>
<tr><td colspan="11">实训名称：<br>班级：　　　　　　　姓名：　　　　　　　学号：</td></tr>
<tr><td colspan="11" align="center">培养基及试剂配制</td></tr>
<tr><td>时间</td><td>培养基（试剂）名称</td><td>成分 /g</td><td>蒸馏水 /L</td><td>pH 值</td><td>容量规格 /［mL/ 瓶（管）］</td><td>数量 / 瓶（管）</td><td>灭菌方式</td><td>灭菌温度 /℃</td><td>灭菌时间 /min</td><td>配制人</td></tr>
<tr><td></td><td></td><td></td><td></td><td></td><td></td><td></td><td></td><td></td><td></td><td></td></tr>
<tr><td></td><td></td><td></td><td></td><td></td><td></td><td></td><td></td><td></td><td></td><td></td></tr>
<tr><td></td><td></td><td></td><td></td><td></td><td></td><td></td><td></td><td></td><td></td><td></td></tr>
<tr><td></td><td></td><td></td><td></td><td></td><td></td><td></td><td></td><td></td><td></td><td></td></tr>
<tr><td></td><td></td><td></td><td></td><td></td><td></td><td></td><td></td><td></td><td></td><td></td></tr>
</table>

<table>
<tr><td colspan="2" align="center">检验记录单</td></tr>
<tr><td>检测项目：<br>样品名称：<br>收样日期：</td><td>检测依据：<br>样品数量：<br>检测日期：</td></tr>
<tr><td colspan="2">操作步骤及反思：</td></tr>
</table>

<table>
<tr><td colspan="5" align="center">观察结果</td></tr>
<tr><td rowspan="2">分离菌落形态</td><td colspan="4">PALCAM 琼脂：</td></tr>
<tr><td colspan="4">李斯特显色培养基：</td></tr>
<tr><td colspan="2">初筛实验</td><td colspan="2">染色镜检</td><td rowspan="2">动力试验</td></tr>
<tr><td>木糖</td><td>鼠李糖</td><td>颜色</td><td>形态</td></tr>
<tr><td></td><td></td><td></td><td></td><td></td></tr>
</table>

<table>
<tr><td colspan="8" align="center">生化试验</td></tr>
<tr><td>过氧化氢酶</td><td>葡萄糖</td><td>麦芽糖</td><td>MR-VP</td><td>甘露醇</td><td>七叶苷</td><td>溶血试验</td><td>协同溶血</td></tr>
<tr><td></td><td></td><td></td><td></td><td></td><td></td><td></td><td></td></tr>
</table>

<table>
<tr><td>结果报告</td><td></td><td>产品限量要求</td><td></td><td>单项判定</td><td></td></tr>
<tr><td colspan="3">检测人：</td><td colspan="3">复核人：</td></tr>
</table>

笔记

| 拓展训练 |
| --- |
| 1. 单核细胞增生李斯特氏菌有哪些生物学特性？ |
| |
| 2. 单核细胞增生李斯特氏菌在 PALCAM 琼脂和显色培养基上的典型菌落特征是怎样的？ |
| |
| 3. 单核细胞增生李斯特氏菌的鉴定方法包括哪些？ |
| |

任务评价

| 序号 | 评价项目 | 评价内容 | 分值 | 评分 |
| --- | --- | --- | --- | --- |
| 1 | 自我评价 | 实训准备、实训过程及实训结果 | 20 | |
| 2 | 组内评价 | 完成任务的态度、能力、团队协作 | 20 | |
| 3 | 组间评价 | 环境卫生、结果报告、大局意识 | 15 | |
| 4 | 教师评价 | 学习态度、实训过程及实训报告 | 45 | |
| 合计 | | | 100 | |

自我评价与总结：

教师点评：

# 子任务二　单核细胞增生李斯特氏菌平板计数法

笔 记

## 任务实施

### 一、设备与材料

| 项目 | 内容 |
| --- | --- |
| 设备 | 恒温培养箱（30℃ ±1℃、36℃ ±1℃）、冰箱（2～5℃、7～10℃）、恒温水浴箱（36℃ ±1℃）、天平（感量为0.1g）、显微镜（10×～100×）、均质器、超净工作台、高压蒸汽灭菌锅 |
| 材料 | 无菌试管（16mm×160mm）、无菌吸管（1mL、10mL）、微量移液器及吸头、无菌锥形瓶（100mL、500mL）、无菌培养皿（直径90mm）、离心管（30mm×100mm）、精密pH试纸 |

### 二、培养基与试剂

培养基与试剂同子任务一。

### 三、操作步骤

具体检验程序见图4-11。

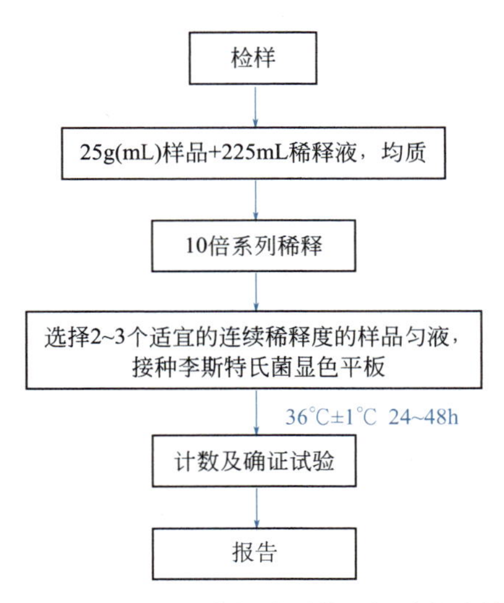


图4-11　单核细胞增生李斯特氏菌平板计数法检验程序

#### 1. 样品的稀释

（1）以无菌操作称取样品25g（mL），放入盛有225mL缓冲蛋白胨水或无添加剂的LB肉汤的无菌均质袋（或均质杯）内，在拍击式均质器上连续均质1～2min

笔记

或以8000～10000r/min均质1～2min。液体样品振荡混匀，制成1∶10的样品匀液。

（2）用1mL无菌吸管或微量移液器吸取1∶10样品匀液1mL，沿管壁缓慢注于盛有9mL缓冲蛋白胨水或无添加剂的LB肉汤的无菌试管中（注意吸管或吸头尖端不要触及稀释液面），振摇试管或换用1支1mL无菌吸管反复吹打使其混合均匀，制成1∶100的样品匀液。

（3）依次制备10倍系列稀释样品匀液。每递增稀释1次，换用1支1mL无菌吸管或吸头。

### 2. 样品的接种

根据对样品污染状况的估计，选择2～3个适宜的连续稀释度的样品匀液（液体样品可包括原液），每个稀释度的样品匀液分别吸取1mL以0.3mL、0.3mL、0.4mL的接种量分别加入3块李斯特氏菌显色平板，用无菌“L”形棒涂布整个平板，注意不要触及平板边缘。使用前，如琼脂平板表面有水珠，可放在25～50℃的培养箱里干燥，直到平板表面的水珠消失。

### 3. 培养

在通常情况下，涂布后，将平板静置10min，如样液不易吸收，可将平板放在培养箱36℃±1℃培养1h；等样品匀液吸收后翻转平皿，倒置于培养箱，36℃±1℃培养24～48h。

### 4. 典型菌落计数和确认

（1）单核细胞增生李斯特氏菌在李斯特氏菌显色平板上的菌落特征以产品说明为准。

（2）选择有典型单核细胞增生李斯特氏菌菌落的，且同一稀释度3个平板所有菌落数合计在15～150CFU之间的平板，计数典型菌落数。

① 只有一个稀释度平板的菌落数在15～150CFU之间且有典型菌落，计数该稀释度平板上的典型菌落；

② 所有稀释度的平板菌落数小于15CFU且有典型菌落，应计数最低稀释度平板上的菌落数；

③ 某一稀释度平板上的菌落数大于150CFU且有典型菌落，但下一稀释度平板上没有典型菌落，应计数该稀释度平板上的典型菌落；

④ 所有稀释度平板的菌落数大于150CFU且有典型菌落，应计数最高稀释度平板上的典型菌落；

⑤ 所有稀释度平板的菌落数均不在15～150CFU之间且有典型菌落，其中一部分小于15 CFU，一部分大于150CFU时，应计数接近15 CFU或150CFU的稀释度平板上的典型菌落。

以上情况按式（4-3）计算。

⑥ 2个连续稀释度平板菌落数均在15～150CFU之间，按式（4-4）计算。

$$T=\frac{AB}{Cd} \tag{4-3}$$

笔记

式中　$T$——样品中单核细胞增生李斯特氏菌菌落数；

$A$——某一稀释度典型菌落的总数；

$B$——某一稀释度确证为单核细胞增生李斯特氏菌的菌落数；

$C$——某一稀释度用于鉴定试验的菌落数；

$d$——稀释因子。

$$T=\frac{(A_1B_1/C_1)+(A_2B_2/C_2)}{1.1d} \quad (4\text{-}4)$$

式中　$T$——样品中单核细胞增生李斯特氏菌菌落数；

$A_1$——第一稀释度（低稀释倍数）典型菌落的总数；

$A_2$——第二稀释度（高稀释倍数）典型菌落的总数；

$B_1$——第一稀释度（低稀释倍数）确证为单核细胞增生李斯特氏菌的菌落数；

$B_2$——第二稀释度（高稀释倍数）确证为单核细胞增生李斯特氏菌的菌落数；

$C_1$——第一稀释度（低稀释倍数）用于鉴定试验的菌落数；

$C_2$——第二稀释度（高稀释倍数）用于鉴定试验的菌落数；

1.1——计算系数；

$d$——稀释因子（第一稀释度）。

（3）自每块平板上挑取 5 个典型菌落（5 个以下全选），参考子任务一方法进行鉴定。

### 5. 结果与报告

报告 1g（mL）样品中单核细胞增生李斯特氏菌菌数，以 CFU/g（CFU/mL）表示；如 $T$ 值为 0，则以“小于 1”乘以最低稀释倍数报告。

笔记

# 实训报告

笔 记

| 操作记录 | | |
|---|---|---|
| 实训名称： | | |
| 班级： | 姓名： | 学号： |

| 培养基及试剂配制 | | | | | | | | | | |
|---|---|---|---|---|---|---|---|---|---|---|
| 时间 | 培养基（试剂）名称 | 成分 /g | 蒸馏水 /L | pH 值 | 容量规格 /［mL/ 瓶（管）］ | 数量 / 瓶（管） | 灭菌方式 | 灭菌温度 /℃ | 灭菌时间 /min | 配制人 |
| | | | | | | | | | | |
| | | | | | | | | | | |
| | | | | | | | | | | |
| | | | | | | | | | | |
| | | | | | | | | | | |

| 检验记录单 | |
|---|---|
| 检测项目： | 检测依据： |
| 样品名称： | 样品数量： |
| 收样日期： | 检测日期： |
| 操作步骤及反思： | |
| 菌落形态特征描述 | |

| 各稀释度典型菌落数 | | | 用于确证试验菌落数 | 确证阳性菌落数 | 结果报告 | 产品限量要求 | 单项判定 |
|---|---|---|---|---|---|---|---|
| | | | | | | | |
| | | | | | | | |

计算过程：

检测人： 复核人：

笔记

**拓展训练**

1. 某检验员采用平板计数法对食品中的单核细胞增生李斯特氏菌进行检验，$10^{-1}$样品三块平板的典型菌落数分别为32、33、40，$10^{-2}$样品三块平板的典型菌落数分别为3、2、2，在$10^{-1}$平板上挑取5个典型和可疑菌落进行确证试验，证实有3个为单核细胞增生李斯特氏菌菌落。请计算并报告该样品中单核细胞增生李斯特氏菌菌数。

2. 如果单核细胞增生李斯特氏菌显色平板中均无菌落生长，应该如何报告结果？

**任务评价**

| 序号 | 评价项目 | 评价内容 | 分值 | 评分 |
|---|---|---|---|---|
| 1 | 自我评价 | 实训准备、实训过程及实训结果 | 20 | |
| 2 | 组内评价 | 完成任务的态度、能力、团队协作 | 20 | |
| 3 | 组间评价 | 环境卫生、结果报告、大局意识 | 15 | |
| 4 | 教师评价 | 学习态度、实训过程及实训报告 | 45 | |
| 合计 | | | 100 | |

自我评价与总结：

教师点评：

# 子任务三　单核细胞增生李斯特氏菌 MPN 计数法

笔 记

## 任务实施

### 一、设备与材料

| 项目 | 内容 |
| --- | --- |
| 设备 | 恒温培养箱（30℃ ±1℃、36℃ ±1℃）、冰箱（2 ～ 5℃、7 ～ 10℃）、恒温水浴箱（36℃ ±1℃）、天平（感量为 0.1g）、显微镜（10× ～ 100×）、均质器、超净工作台、高压蒸汽灭菌锅 |
| 材料 | 无菌试管（16mm×160mm）、无菌吸管（1mL、10mL）、微量移液器及吸头、无菌锥形瓶（100mL、500mL）、无菌培养皿（直径 90mm）、离心管（30mm×100mm）、精密 pH 试纸 |

### 二、培养基与试剂

培养基与试剂同子任务一。

### 三、操作步骤

具体检验程序见图 4-12。

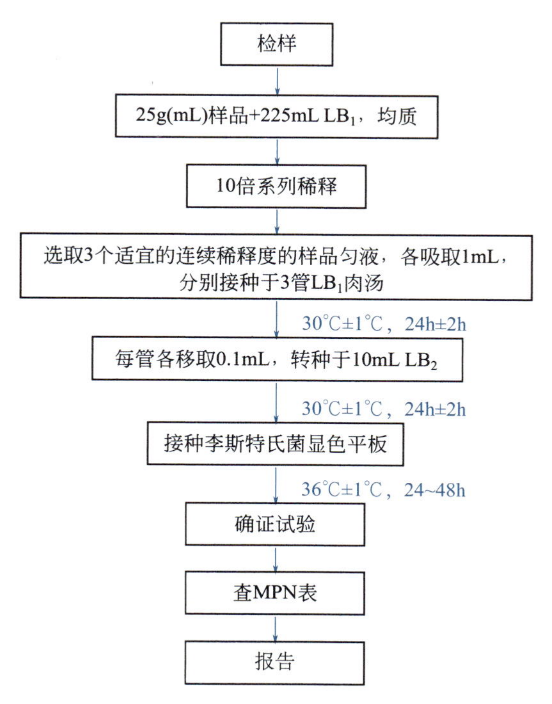


图 4-12　单核细胞增生李斯特氏菌 MPN 计数程序

笔记

### 1. 操作步骤

样品的稀释参考子任务二平板计数法。

### 2. 接种和培养

（1）根据对样品污染状况的估计，选取3个适宜的连续稀释度的样品匀液（液体样品可包括原液），接种于10mL $LB_1$肉汤，每一稀释度接种3管，每管接种1mL（如果接种量需要超过1mL，则用双料$LB_1$增菌液），于30℃ ±1℃培养24h±2h。每管各移取0.1mL，转种于10mL $LB_2$增菌液内，于30℃ ±1℃ 培养24h±2h。

（2）用接种环从各管中移取1环，接种李斯特氏菌显色平板，36℃ ±1℃培养24 ～ 48h。

### 3. 确证试验

自每块平板上挑取5个典型菌落（5个以下全选），参考子任务一进行鉴定。

### 4. 结果与报告

根据证实为单核细胞增生李斯特氏菌阳性的试管管数，查MPN检索表（表4-9），报告1g（mL）样品中单核细胞增生李斯特氏菌的最可能数，以MPN/g（MPN/mL）表示。

表4-9　单核细胞增生李斯特氏菌最可能数（MPN）检索表

| 阳性管数 | | | MPN | 95% 可信限 | | 阳性管数 | | | MPN | 95% 可信限 | |
|---|---|---|---|---|---|---|---|---|---|---|---|
| 0.10 | 0.01 | 0.001 | | 下限 | 上限 | 0.10 | 0.01 | 0.001 | | 下限 | 上限 |
| 0 | 0 | 0 | ＜3.0 | — | 9.5 | 2 | 2 | 0 | 21 | 4.5 | 42 |
| 0 | 0 | 1 | 3.0 | 0.15 | 9.6 | 2 | 2 | 1 | 28 | 8.7 | 94 |
| 0 | 1 | 0 | 3.0 | 0.15 | 11 | 2 | 2 | 2 | 35 | 8.7 | 94 |
| 0 | 1 | 1 | 6.1 | 1.2 | 18 | 2 | 3 | 0 | 29 | 8.7 | 94 |
| 0 | 2 | 0 | 6.2 | 1.2 | 18 | 2 | 3 | 1 | 36 | 8.7 | 94 |
| 0 | 3 | 0 | 9.4 | 3.6 | 38 | 3 | 0 | 0 | 23 | 4.6 | 94 |
| 1 | 0 | 0 | 3.6 | 0.17 | 18 | 3 | 0 | 1 | 38 | 8.7 | 110 |
| 1 | 0 | 1 | 7.2 | 1.3 | 18 | 3 | 0 | 2 | 64 | 17 | 180 |
| 1 | 0 | 2 | 11 | 3.6 | 38 | 3 | 1 | 0 | 43 | 9 | 180 |
| 1 | 1 | 0 | 7.4 | 1.3 | 20 | 3 | 1 | 1 | 75 | 17 | 200 |
| 1 | 1 | 1 | 11 | 3.6 | 38 | 3 | 1 | 2 | 120 | 37 | 420 |
| 1 | 2 | 0 | 11 | 3.6 | 42 | 3 | 1 | 3 | 160 | 40 | 420 |
| 1 | 2 | 1 | 15 | 4.5 | 42 | 3 | 2 | 0 | 93 | 18 | 420 |
| 1 | 3 | 0 | 16 | 4.5 | 42 | 3 | 2 | 1 | 150 | 37 | 420 |
| 2 | 0 | 0 | 9.2 | 1.4 | 38 | 3 | 2 | 2 | 210 | 40 | 430 |
| 2 | 0 | 1 | 14 | 3.6 | 42 | 3 | 2 | 3 | 290 | 90 | 1000 |
| 2 | 0 | 2 | 20 | 4.5 | 42 | 3 | 3 | 0 | 240 | 42 | 1000 |
| 2 | 1 | 0 | 15 | 3.7 | 42 | 3 | 3 | 1 | 460 | 90 | 2000 |
| 2 | 1 | 1 | 20 | 4.5 | 42 | 3 | 3 | 2 | 1100 | 180 | 4100 |
| 2 | 1 | 2 | 27 | 8.7 | 94 | 3 | 3 | 3 | ＞1100 | 420 | — |

注：1. 本表采用3个稀释度［0.1g（mL）、0.01g（mL）和0.001g（mL）］，每个稀释度接种3管。

2. 表内所列检样量如改用1g(mL)、0.1g(mL）和0.01g(mL）时，表内数据应相应缩小低10倍；如改用0.01g（mL）、0.001g（mL）、0.0001g（mL）时，则表内数据应相应增大10倍，其余类推。

笔记

# 实训报告

**操作记录**

实训名称：

班级：　　　　　　姓名：　　　　　　学号：

**培养基及试剂配制**

| 时间 | 培养基（试剂）名称 | 成分 /g | 蒸馏水 /L | pH 值 | 容量规格 /［mL/ 瓶（管）］ | 数量 / 瓶（管） | 灭菌方式 | 灭菌温度 /℃ | 灭菌时间 /min | 配制人 |
|---|---|---|---|---|---|---|---|---|---|---|
| | | | | | | | | | | |
| | | | | | | | | | | |
| | | | | | | | | | | |
| | | | | | | | | | | |
| | | | | | | | | | | |

**检验记录单**

检测项目：　　　　　　检测依据：

样品名称：　　　　　　样品数量：

收样日期：　　　　　　检测日期：

操作步骤及反思：

| 试管编号 | $10^{-n}$ | | | $10^{-(n+1)}$ | | | $10^{-(n+2)}$ | | |
|---|---|---|---|---|---|---|---|---|---|
| | 1 | 2 | 3 | 1 | 2 | 3 | 1 | 2 | 3 |
| 确证试验结果 | | | | | | | | | |
| 查 MPN 表报告结果 | | | | | | | | | |

计算过程：

| 结果报告 | | 产品限量要求 | | 单项判定 | |
|---|---|---|---|---|---|

检测人：　　　　　　复核人：

笔记

**拓展训练**

1. 采用MPN计数法测定单核细胞增生李斯特氏菌菌落数，选择3个稀释度为0.01mL、0.001mL、0.0001mL，经确证试验后阳性管数为2管、1管、0管，则该样品单核细胞增生李斯特氏菌MPN值为多少？

2. 单核细胞增生李斯特氏菌MPN计数法的注意事项有哪些？

**任务评价**

| 序号 | 评价项目 | 评价内容 | 分值 | 评分 |
| --- | --- | --- | --- | --- |
| 1 | 自我评价 | 实训准备、实训过程及实训结果 | 20 | |
| 2 | 组内评价 | 完成任务的态度、能力、团队协作 | 20 | |
| 3 | 组间评价 | 环境卫生、结果报告、大局意识 | 15 | |
| 4 | 教师评价 | 学习态度、实训过程及实训报告 | 45 | |
| 合计 | | | 100 | |

自我评价与总结：

教师点评：

# 任务五

# 志贺氏菌检验

## 知识准备

### 一、生物学特性

志贺氏菌属于肠杆菌科志贺氏菌属，革兰氏阴性杆菌，无芽孢、无荚膜、无鞭毛、多数有菌毛。营养要求不高，在普通培养基上可以生长，形成中等大小、半透明的光滑菌，边缘整齐，直径约2mm。宋内氏志贺菌菌落一般较大，较不透明，并常出现扁平的粗糙型菌落。最适培养温度37℃，最适pH为6.4～7.8。在液体培养基中呈均匀浑浊生长，一般不形成沉淀，无菌膜形成。志贺氏菌的抵抗力比其他肠道杆菌弱，加热60℃ 10min可被杀死，对酸和一般消毒剂敏感。

### 二、流行病学

根据抗原结构不同，按最新国际分类法，将志贺氏菌分为四个群、39个血清型：A群，也称痢疾志贺氏菌群，有10个血清型；B群，也称福氏菌群，有13个血清型；C群，也称鲍氏菌群，有15个血清型；D群，也称宋内氏菌群，仅有一个血清型。

人和灵长目是志贺氏菌的适宜宿主，营养不良的幼儿、老人及免疫缺陷者更为易感。志贺氏菌病常为食物爆发型或经水传播。与志贺氏菌病相关的食品包括色拉、生的蔬菜、奶和奶制品、禽、水果、面包制品、汉堡包、有鳍鱼类。志贺氏菌在拥挤和不卫生的条件下能迅速传播，经常发现于人员大量集中的地方，如餐厅、食堂。食源性志贺氏菌病流行的最主要原因是食品加工行业人员患菌痢或带菌者污染食品，接触食品人员个人卫生差，已污染的食品存放温度不当等。

笔记

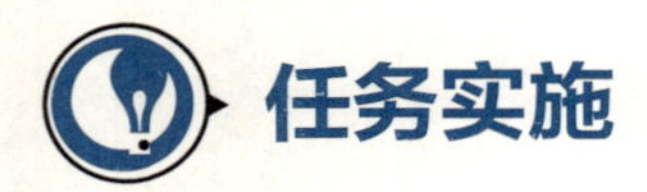

## 一、设备与材料

| 项目 | 内容 |
| --- | --- |
| 设备 | 恒温培养箱（36℃ ±1℃）、冰箱（2 ～ 5℃）、恒温水浴箱（37 ～ 65℃）、膜过滤系统、厌氧培养装置（41.5℃ ±1℃）、显微镜（10× ～ 100×）、天平（感量为 0.1g）、均质器、超净工作台、高压蒸汽灭菌锅 |
| 材料 | 1mL（具 0.01mL 刻度）、10mL（具 0.1mL 刻度）无菌吸管或微量移液器及吸头，无菌均质杯或无菌均质袋（容量 500mL）、精密 pH 试纸、无菌培养皿（直径 90mm） |

## 二、培养基与试剂

| 名称 | 成分 | 制法 |
| --- | --- | --- |
| 志贺氏菌增菌肉汤 | 胰蛋白胨 20.0g<br>葡萄糖 1.0g<br>磷酸氢二钾 2.0g<br>磷酸二氢钾 2.0g<br>氯化钠 5.0g<br>吐温 80 1.5mL<br>蒸馏水 1000mL | 将各成分混合加热溶解，冷却至 25℃左右校正 pH 至 7.0±0.2，分装适当的容器，121℃灭菌 15min。取出后冷却至 50 ～ 55℃，加入除菌过滤的新生霉素溶液（0.5μg/mL），分装 225mL 备用 |
| 木糖赖氨酸脱氧胆盐（XLD）琼脂 | 酵母膏 3.0g<br>L- 赖氨酸 5.0g<br>木糖 3.75g<br>乳糖 7.5g<br>蔗糖 7.5g<br>脱氧胆酸钠 1.0g<br>氯化钠 5.0g<br>硫代硫酸钠 6.8g<br>柠檬酸铁铵 0.8g<br>酚红 0.08g<br>琼脂 15.0g<br>蒸馏水 1000mL | 除酚红和琼脂外，将其他成分加入 400mL 蒸馏水中，煮沸溶解，校正 pH 至 7.4±0.2。另将琼脂加入 600mL 蒸馏水中，煮沸溶解。将上述两溶液混合均匀后，再加入指示剂，待冷却至 50 ～ 55℃倾注平皿。本培养基不需要高压灭菌，在制备过程中不宜过分加热，贮于室温暗处。本培养基宜于当天制备，第二天使用 |
| 新生霉素溶液 | 新生霉素 25.0mg<br>蒸馏水 1000mL | 将新生霉素溶解于蒸馏水中，用 0.22μm 过滤膜除菌，如不立即使用，在 2 ～ 8℃条件下可储存一个月。临用时每 225mL 志贺氏菌增菌肉汤加入 5mL 新生霉素溶液，混匀 |

续表

| 名称 | 成分 | 制法 |
|---|---|---|
| 麦康凯（MAC）琼脂 | 蛋白胨 20.0g<br>乳糖 10.0g<br>3 号胆盐 1.5g<br>氯化钠 5.0g<br>中性红 0.03g<br>结晶紫 0.001g<br>琼脂 15.0g<br>蒸馏水 1000mL | 将以上成分混合加热溶解，冷却至 25℃左右校正 pH 至 7.2±0.2，分装，121℃高压灭菌 15min。冷却至 45 ～ 50℃，倾注平板。如不立即使用，在 2 ～ 8℃条件下可储存两周 |
| 营养琼脂斜面 | 蛋白胨 10.0g<br>牛肉膏 3.0g<br>氯化钠 5.0g<br>琼脂 15.0g<br>蒸馏水 1000mL | 将除琼脂以外的各成分溶解于蒸馏水内，加入 15% 氢氧化钠溶液约 2mL，冷却至 25℃左右校正 pH 至 7.0±0.2。加入琼脂，加热煮沸，使琼脂溶化。分装小号试管，每管约 3mL。121℃灭菌 15min，制成斜面 |
| 葡萄糖铵培养基 | 氯化钠 5.0g<br>硫酸镁 0.2g<br>磷酸二氢铵 1.0g<br>磷酸氢二钾 1.0g<br>葡萄糖 2.0g<br>琼脂 20.0g<br>0.2% 溴麝香草酚蓝溶液 40.0mL<br>蒸馏水 1000mL | 先将盐类和糖溶解于蒸馏水内，校正 pH 至 6.8±0.2，再加琼脂加热溶解，然后加入指示剂。混合均匀后分装试管，121℃高压灭菌 15min。制成斜面备用 |

注：其他培养基和试剂配制方法见 GB 4789.5—2012《食品安全国家标准　食品微生物学检验　志贺氏菌检验》。

## 三、操作步骤

具体检验程序见图 4-13。

### 1. 增菌

以无菌操作取检样 25g（mL），加入装有 225mL 志贺氏菌增菌肉汤的均质杯，用旋转刀片式均质器以 8000 ～ 10000r/min 均质；或加入装有 225mL 志贺氏菌增菌肉汤的均质袋中，用拍击式均质器连续均质 1 ～ 2min，液体样品振荡混匀即可。于 41.5℃ ±1℃，厌氧培养 16 ～ 20h。

### 2. 分离

取增菌后的志贺氏增菌液分别划线接种于 XLD 琼脂平板和 MAC 琼脂平板或志贺氏菌显色培养基平板上，于 36℃ ±1℃培养 20 ～ 24h，观察各个平板上生长的菌落形态。宋内氏志贺氏菌的单个菌落直径大于其他志贺氏菌。若出现的菌落不典型或菌落较小不易观察，则继续培养至 48h 再进行观察。志贺氏菌在不同选择性琼脂平板上的菌落特征见表 4-10。

笔记

笔记

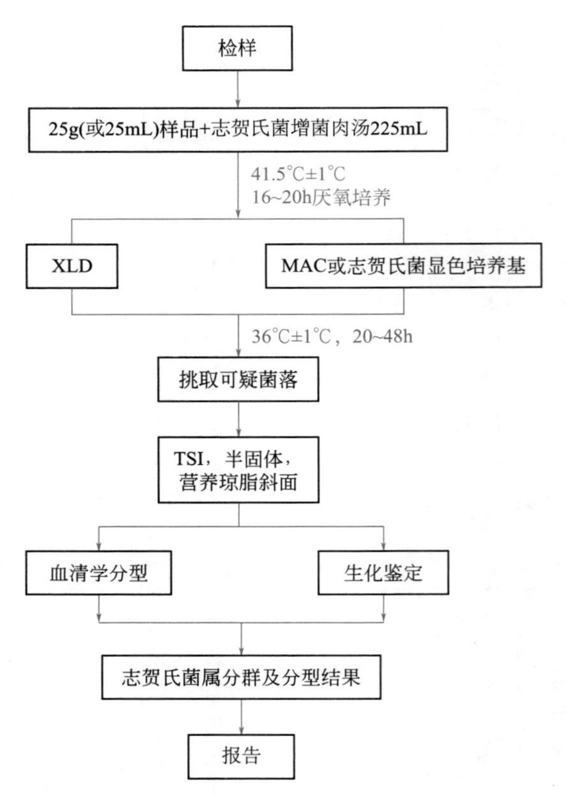


图 4-13　志贺氏菌检验程序

表4-10　志贺氏菌在不同选择性琼脂平板上的菌落特征

| 选择性琼脂平板 | 志贺氏菌的菌落特征 |
| --- | --- |
| MAC 琼脂 | 无色至浅粉红色，半透明、光滑、湿润、圆形、边缘整齐或不齐 |
| XLD 琼脂 | 粉红色至无色，半透明、光滑、湿润、圆形、边缘整齐或不齐 |
| 志贺氏菌显色培养基 | 按照显色培养基的说明进行判定 |

### 3. 初步生化试验

（1）自选择性琼脂平板上分别挑取 2 个以上典型或可疑菌落，分别接种 TSI、半固体和营养琼脂斜面各一管，置 36℃ ±1℃培养 20 ～ 24h，分别观察结果。

（2）凡是三糖铁琼脂中斜面产碱、底层产酸（发酵葡萄糖，不发酵乳糖、蔗糖）、不产气（福氏志贺氏菌 6 型可产生少量气体）、不产硫化氢、半固体管中无动力的菌株，挑取已培养的营养琼脂斜面上生长的菌苔，进行生化试验和血清学分型。

### 4. 生化试验及附加生化试验

（1）生化试验　用已培养的营养琼脂斜面上生长的菌苔进行生化试验，即 $\beta$-半乳糖苷酶、尿素、赖氨酸脱羧酶、鸟氨酸脱羧酶以及水杨苷和七叶苷的分解试验。除宋内氏志贺氏菌、鲍氏志贺氏菌 13 型的鸟氨酸脱羧酶阳性，宋内氏志贺氏菌和痢疾志贺氏菌 1 型，鲍氏志贺氏菌 13 型的 $\beta$-半乳糖苷酶为阳性以外，其余生化试验志贺氏菌属的培养物均为阴性结果。另外由于福氏志贺氏菌 6 型的生化特性

笔记

与痢疾志贺氏菌或鲍氏志贺氏菌相似，必要时还需加做靛基质、甘露醇、棉子糖、甘油试验，也可做革兰氏染色检查和氧化酶试验，应为氧化酶阴性的革兰氏阴性杆菌。生化反应不符合的菌株，即使能与某种志贺氏菌分型血清发生凝集，仍不得判定为志贺氏菌属。志贺氏菌属生化特性见表4-11。

（2）附加生化试验　由于某些不活泼的大肠埃希氏菌（anaerogenic *E.coli*）、A-D（Alkalescens-D isparbiotypes 碱性-异型）菌的部分生化特征与志贺氏菌相似，并能与某种志贺氏菌分型血清发生凝集；因此前面生化试验符合志贺氏菌属生化特性的培养物还需另加葡萄糖铵、西蒙氏柠檬酸盐、黏液酸盐试验（36℃培养24～48h）。志贺氏菌属和不活泼大肠埃希氏菌、A-D菌的生化特性区别见表4-12。

（3）如选择生化鉴定试剂盒或全自动微生物生化鉴定系统，可根据初步生化试验的判断结果，用已培养的营养琼脂斜面上生长的菌苔，使用生化鉴定试剂盒或全自动微生物生化鉴定系统进行鉴定。

表4-11　志贺氏菌属四个群的生化特征

| 生化反应 | A群<br>痢疾志贺氏菌 | B群<br>福氏志贺氏菌 | C群<br>鲍氏志贺氏菌 | D群<br>宋内氏志贺氏菌 |
|---|---|---|---|---|
| *β*-半乳糖苷酶 | –[a] | – | –[a] | + |
| 尿素 | – | – | – | – |
| 赖氨酸脱羧酶 | – | – | – | – |
| 鸟氨酸脱羧酶 | – | – | –[b] | + |
| 水杨苷 | – | – | – | – |
| 七叶苷 | – | – | – | – |
| 靛基质 | –/+ | （+） | –/+ | – |
| 甘露醇 | – | +[c] | + | + |
| 棉子糖 | – | + | – | + |
| 甘油 | （+） | – | （+） | d |

注：+—阳性；-—阴性；-/+—多数阴性；+/-—多数阳性；（+）—迟缓阳性；d—有不同生化型。[a]痢疾志贺1型和鲍氏13型为阳性；[b]鲍氏13型为阳性；[c]福氏4型和6型常见甘露醇阴性变种。

表4-12　志贺氏菌属和不活泼大肠埃希氏菌、A-D菌的生化特性区别

| 生化反应 | A群<br>痢疾志贺氏菌 | B群<br>福氏志贺氏菌 | C群<br>鲍氏志贺氏菌 | D群<br>宋内氏志贺氏菌 | 大肠埃希氏菌 | A-D菌 |
|---|---|---|---|---|---|---|
| 葡萄糖铵 | – | – | – | – | + | + |
| 西蒙氏柠檬酸盐 | – | – | – | – | d | d |
| 黏液酸盐 | – | – | – | d | + | d |

注：1.+—阳性；-—阴性；d—有不同生化型。

2. 在葡萄糖铵、西蒙氏柠檬酸盐、黏液酸盐三项试验中志贺氏菌一般为阴性，而不活泼的大肠埃希氏菌、A-D（碱性-异型）菌至少有一项反应为阳性。

笔记

### 5. 血清学鉴定

（1）抗原的准备　志贺氏菌属没有动力，所以没有鞭毛抗原。志贺氏菌属主要有菌体（O）抗原。菌体O抗原又可分为型和群的特异性抗原。一般采用1.2%～1.5%琼脂培养物作为玻片凝集试验用的抗原。

（2）凝集反应　在玻片上划出2个约1cm×2cm的区域，挑取一环待测菌，各放1/2环于玻片上的每一区域上部，在其中一个区域下部加1滴抗血清，在另一区域下部加入1滴生理盐水，作为对照。再用无菌的接种环或针分别将两个区域内的菌落研成乳状液。将玻片倾斜摇动混合1min，并对着黑色背景进行观察，如果抗血清中出现凝结成块的颗粒，而且生理盐水中没有发生自凝现象，那么凝集反应为阳性。如果生理盐水中出现凝集，视作自凝，这时应挑取同一培养基上的其他菌落继续进行试验。

### 6. 结果与报告

综合以上生化试验和血清学鉴定的结果，报告25g（mL）样品中检出或未检出志贺氏菌。

## 实训报告

笔记

**操作记录**

实训名称：

班级：　　　　姓名：　　　　学号：

**培养基及试剂配制**

| 时间 | 培养基（试剂）名称 | 成分 /g | 蒸馏水 /L | pH 值 | 容量规格 /［mL/ 瓶（管）］ | 数量 / 瓶（管） | 灭菌方式 | 灭菌温度 /℃ | 灭菌时间 /min | 配制人 |
|---|---|---|---|---|---|---|---|---|---|---|
| | | | | | | | | | | |
| | | | | | | | | | | |
| | | | | | | | | | | |
| | | | | | | | | | | |
| | | | | | | | | | | |

**检验记录单**

检测项目：　　　　检测依据：

样品名称：　　　　样品数量：

收样日期：　　　　检测日期：

操作步骤及反思：

**观察结果**

| 分离菌落形态 | |
|---|---|
| | XLD 平板： |
| | MAC 平板： |

| TSI 试验 | 动力试验 | 附加生化试验 |
|---|---|---|
| | | |

**生化试验**

| 半乳糖苷酶 | 尿素 | 赖氨酸脱羧酶 | 鸟氨酸脱羧酶 | 水杨苷 | 七叶苷 | 靛基质 | 甘露醇 | 棉子糖 | 甘油 |
|---|---|---|---|---|---|---|---|---|---|
| | | | | | | | | | |

| 血清学鉴定 | 结果报告 | 产品限量要求 | 单项判定 |
|---|---|---|---|
| | | | |

检测人：　　　　复核人：

笔记

| 拓展训练 |
|---|
| 1. 志贺氏菌的生物学特性有哪些？ |
| |
| 2. 志贺氏菌在 XLD 平板和 MAC 平板上的菌落特征是怎样的？ |
| |
| 3. 志贺氏菌的生化鉴定试验包括哪些？ |
| |

**任务评价**

| 序号 | 评价项目 | 评价内容 | 分值 | 评分 |
|---|---|---|---|---|
| 1 | 自我评价 | 实训准备、实训过程及实训结果 | 20 | |
| 2 | 组内评价 | 完成任务的态度、能力、团队协作 | 20 | |
| 3 | 组间评价 | 环境卫生、结果报告、大局意识 | 15 | |
| 4 | 教师评价 | 学习态度、实训过程及实训报告 | 45 | |
| 合计 | | | 100 | |

自我评价与总结：

教师点评：

# 项目五
# 食品生产环境检验

## 项目导入

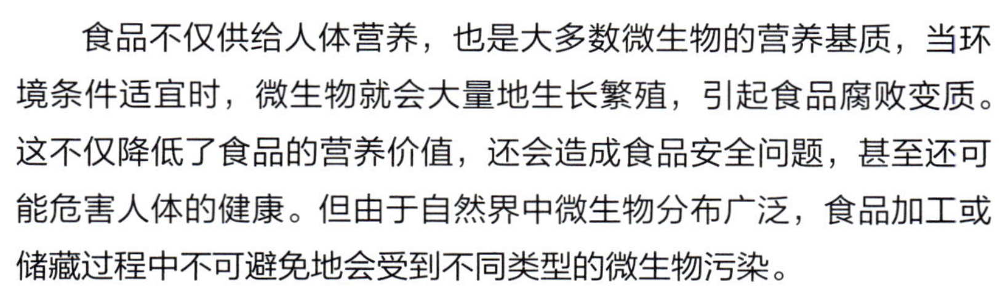

食品不仅供给人体营养，也是大多数微生物的营养基质，当环境条件适宜时，微生物就会大量地生长繁殖，引起食品腐败变质。这不仅降低了食品的营养价值，还会造成食品安全问题，甚至还可能危害人体的健康。但由于自然界中微生物分布广泛，食品加工或储藏过程中不可避免地会受到不同类型的微生物污染。

食品在生产加工、储藏、运输、销售到烹调等各个环节，常常与环境发生各种方式的接触，进而导致食品微生物污染。污染食品的微生物来源主要是水、生产人员、车间环境（空气）、原料、加工设备、包装材料等。

在食品生产过程中，对食品微生物污染来源进行有效的监控是减少食品微生物污染的有效途径之一，也可作为食品微生物指标不合格的追溯手段。

## 项目目标

### 素质目标

培养克难攻坚的勇气，具备细致、严谨、求是的工匠精神和社会责任感。

### 知识目标

了解食品微生物污染来源；熟悉食品生产环境的微生物检验方法；掌握食品生产环境卫生指标的评价方式。

### 能力目标

学会食品生产用水、空气、车间工作台、机械设备及检测人员的微生物样品采样方法；能按照检验方法对各项指标进行检验；能对检验结果进行计算及报告评价。

任务一

# 食品生产用水的检验

## 知识准备

### 一、检验意义

为保障人们饮水的卫生、安全，生活饮用水和食品生产用水均应满足以下几点要求：①不得含有病原微生物；②水中化学物质不得危害人体健康；③水中放射性物质不得危害人体健康；④感官性状良好，无异味；⑤经消毒处理，水质应符合卫生要求。

自然水域是微生物栖息的主要场所，它具备了微生物生长繁殖所需的营养元素、溶解氧、pH、温度等基本条件。除固有微生物外，其他微生物主要来自土壤、空气以及生产和生活产生的废污水、排泄物等。

由于营养物水平、酸碱度、渗透压、温度等的差异，各水域中所含微生物种类和数量各不相同。水中微生物的数量主要取决于其有机物质的含量，有机物质含量越大，其中微生物的数量也就越大。食品生产用水多采用自来水或深井水，因此，保证生活饮用水及水源水的卫生和无菌对预防食品成品的微生物二次污染而言至关重要。

### 二、检验原理

菌落总数是水样在营养琼脂上有氧条件下 37℃培养 48h 后，所得 1mL 水样所含菌落的总数。

总大肠菌群指一群在 37℃培养 24h 能发酵乳糖、产酸产气、需氧和兼性厌氧的革兰氏阴性无芽孢杆菌。

## 三、适用范围

采用 GB/T 5750.12—2006 标准，适用于生活饮用水及其水源水中微生物的测定。

## 一、检验项目及限量

| 项目 | 饮用水限量 |
|---|---|
| 菌落总数 /（CFU/mL） | 100 |
| 总大肠菌群（MPN/100mL） | 不得检出 |

## 二、设备与材料

| 项目 | 内容 |
|---|---|
| 设备 | 恒温培养箱、冰箱、恒温水浴箱、天平、超净工作台、高压蒸汽灭菌锅、电炉、显微镜 |
| 材料 | 无菌吸管［1mL（具 0.01mL 刻度）、10mL（具 0.1mL 刻度）］或微量移液器及吸头、无菌锥形瓶（容量 250mL、500mL）、无菌培养皿（直径 90mm）、无菌试管（18mm×180mm）、采样瓶、小倒管、酒精灯、载玻片 |

## 三、培养基与试剂

| 名称 | 成分 | | 制法 |
|---|---|---|---|
| 无菌生理盐水 | 氯化钠<br>蒸馏水 | 8.5g<br>1000mL | 称取 8.5g 氯化钠溶于 1000mL 蒸馏水中，121℃高压灭菌 15min |
| 营养琼脂培养基 | 蛋白胨<br>牛肉粉<br>氯化钠<br>琼脂<br>蒸馏水<br>pH | 10.0g<br>3.0g<br>5.0g<br>15.0g<br>1000mL<br>7.4 ～ 7.6 | 除琼脂外其他成分溶解于蒸馏水中，调节 pH，加入琼脂，煮沸溶解，分装，121℃高压灭菌 20min |
| 乳糖蛋白胨培养液 | 蛋白胨<br>牛肉粉<br>乳糖<br>氯化钠<br>溴甲酚紫乙醇溶液（16g/L）<br>蒸馏水<br>pH | 10.0g<br>3.0g<br>5.0g<br>5.0g<br>1mL<br>1000mL<br>7.2 ～ 7.4 | 将蛋白胨、牛肉粉、乳糖及氯化钠溶于蒸馏水中，调整 pH，再加入 1mL 16g/L 溴甲酚紫乙醇溶液，充分混匀，分装于装有倒管的试管中，115℃ 蒸汽灭菌 20min |

笔记

续表

| 名称 | 成分 | 制法 |
| --- | --- | --- |
| 二倍浓缩乳糖蛋白胨培养液 | 蛋白胨 20.0g<br>牛肉粉 6.0g<br>乳糖 10.0g<br>氯化钠 10.0g<br>溴甲酚紫乙醇溶液（16g/L） 2mL<br>蒸馏水 1000mL<br>pH 7.2～7.4 | 制法同乳糖蛋白胨培养液 |
| 伊红美蓝培养基 | 蛋白胨 10.0g<br>乳糖 10.0g<br>磷酸氢二钾 2g<br>琼脂 25g<br>蒸馏水 1000mL<br>伊红水溶液（20g/L） 20mL<br>美蓝水溶液（5g/L） 13mL | 将蛋白胨、磷酸盐和琼脂溶解于蒸馏水中，校正pH为7.2，加入乳糖，混匀后分装，以115℃高压灭菌20min。临用时加热融化琼脂，冷却至50～55℃，加入伊红和美蓝溶液，混匀，倾注平皿 |

## 四、操作步骤

### 1. 采样

（1）取自来水时，需先将水龙头用清洁布擦干，再用酒精灯灼烧水龙头灭菌3～5min或用75%酒精消毒，然后把水龙头完全打开以排出沉淀物，放水5～10min后再将水龙头关小，用玻璃材质无菌采样瓶采集水样。若是经常取水的水龙头放水1～3min即可采集水样。采样时应直接采集，不得用水样涮洗已灭菌的采样瓶，并避免手指和其他物品对瓶口的沾污。

（2）采取经氯处理的水样（如自来水）时，应在采样前按每125mL水样加入硫代硫酸钠0.1mg，以其作为脱氯剂除去残余的氯，避免残余氯对水样中细菌的杀害作用，而影响结果的可靠性。

（3）水样采取后，除用于现场测定的样品外，应于2h内送到检验室。在水样的运输过程中应保证其性质稳定、完整，不受玷污、损坏和丢失。若路途较远，应配备专门的隔热容器，并放入制冷剂。水样送到后，应立即进行检验，如条件不许可，则可将水样暂时保存在0～4℃冰箱中，但不超过4h。

### 2. 检验

（1）菌落总数

① 接种培养　以无菌操作方法用灭菌吸管吸取1mL充分混匀的水样，注入灭菌平皿中，倾注约15mL已融化并冷却到45℃左右的营养琼脂培养基，并立即旋摇平皿，使水样与培养基充分混匀。每次检验时应做一平行接种，同时另用一个平皿只倾注营养琼脂培养基作为空白对照。

待冷却凝固后，翻转平皿，使底面向上，置于36℃ ±1℃培养箱内培养48h，进行菌落计数，即为1mL水样中的菌落总数。

② 菌落计数　作平皿菌落计数时，可用眼睛直接观察，必要时用放大镜检查，以防遗漏。

③ 计算及报告　用两个平皿的菌落平均数报告。若平板上均无菌落生长，则以“未检出”报告。

菌落计数的报告：菌落数在100CFU/mL以内按实有数报告；大于100CFU/mL时，采用两位有效数字，在两位有效数字后面的数值以四舍五入方法计算，为了缩短数字后面的“0”也可用10的指数来表示。

（2）总大肠菌群——多管发酵法

① 乳糖发酵试验　取10mL水样接种到10mL双料乳糖蛋白胨培养液中，取1mL水样接种到10mL单料乳糖蛋白胨培养液中。另取1mL水样注入到9mL灭菌生理盐水中，混匀后吸取1mL（即0.1mL水样）注入到10mL单料乳糖蛋白胨培养液中，每一稀释度接种5管。

对已处理过的出厂自来水，需经常检验或每天检验一次的，可直接接种5份10mL水样双料培养基，每份接种10mL水样。接种1mL以下水样时，必须作10倍递增稀释后，取1mL接种，每递增稀释一次，换用1支1mL灭菌吸管。

将接种管置于36℃ ±1℃培养箱内，培养24h±2h，如所有乳糖蛋白胨培养管都不产气产酸，则可报告为总大肠菌群阴性，如有产酸产气者，则按下列步骤进行。

② 分离培养　将产酸产气的发酵管分别接种在伊红美蓝琼脂平板上，于36℃ ±1℃培养箱内培养18～24h，观察菌落形态，挑取符合下列特征的菌落作革兰氏染色、镜检和证实试验。

a. 深紫黑色、具有金属光泽的菌落；

b. 紫黑色、不带或略带金属光泽的菌落；

c. 淡紫红色、中心较深的菌落。

③ 证实试验　经上述染色镜检为革兰氏阴性无芽孢杆菌，同时接种乳糖蛋白胨培养液，置于36℃ ±1℃培养箱中培养24h±2h，有产酸产气者，即证实有总大肠菌群存在。

④ 结果报告　根据证实为总大肠菌群阳性的管数，查MPN检索表，报告每100mL水样中的总大肠菌群最可能数（MPN）值。5管法结果见表5-1。稀释样品查表后得到结果应乘稀释倍数。如所有乳糖发酵管均阴性时，可报告总大肠菌群未检出。

表5-1　用5份10mL水样时各种阳性和阴性结果结合时的最可能数（MPN）

| 5个10mL管中阳性管数 | 最可能数（MPN） |
|---|---|
| 0 | <2.2 |
| 1 | 2.2 |
| 2 | 5.1 |
| 3 | 9.2 |
| 4 | 16.0 |
| 5 | >16.0 |

笔记

# 实训报告

笔记

| 操作记录 | | |
|---|---|---|
| 实训名称： | | |
| 班级： | 姓名： | 学号： |

**培养基及试剂配制**

| 时间 | 培养基（试剂）名称 | 成分 /g | 蒸馏水 /L | pH 值 | 容量规格 /［mL/ 瓶（管）］ | 数量 / 瓶（管） | 灭菌方式 | 灭菌温度 /℃ | 灭菌时间 /min | 配制人 |
|---|---|---|---|---|---|---|---|---|---|---|
| | | | | | | | | | | |
| | | | | | | | | | | |
| | | | | | | | | | | |
| | | | | | | | | | | |
| | | | | | | | | | | |

**检验记录单**

| 检测项目： | 检测日期： |
|---|---|
| 操作步骤及反思： | |

菌落总数：

| 平板 1 | 平板 2 | 空白 | 结果报告 | 限量要求 | 单项判定 |
|---|---|---|---|---|---|
| | | | | | |

计算过程：

总大肠菌群：

| 阳性管数 | 结果报告（MPN/100mL） | 限量要求 | 单项判定 |
|---|---|---|---|
| | | | |

结果判定：

| 检测人： | 复核人： |
|---|---|

笔记

**拓展训练**

1. 根据我国饮用水和河流的水质标准，讨论本次检验结果。

2. 为什么选用大肠菌群作为食品生产用水的卫生指标？

**任务评价**

| 序号 | 评价项目 | 评价内容 | 分值 | 评分 |
|---|---|---|---|---|
| 1 | 自我评价 | 实训准备、实训过程及实训结果 | 20 | |
| 2 | 组内评价 | 完成任务的态度、能力、团队协作 | 20 | |
| 3 | 组间评价 | 环境卫生、结果报告、大局意识 | 15 | |
| 4 | 教师评价 | 学习态度、实训过程及实训报告 | 45 | |
| 合计 | | | 100 | |

自我评价与总结：

教师点评：

# 任务二

# 食品生产车间工作人员手的卫生状况测定

## 知识准备

人体的皮肤、毛发、口腔均带有大量的微生物，未经清洗的人体皮肤微生物数量通常可达 $10^5 \sim 10^6/cm^2$。当人感染了病原微生物后，体内会存在不同数量的病原微生物，其中有些菌种是人畜共患病原微生物，如沙门氏菌、产肠毒素性大肠埃希氏菌等。这些微生物可以通过直接接触或通过呼吸道和消化道向体外排出而污染食品。在食品生产车间，操作工人是食品微生物污染的来源之一，其卫生状况直接影响食品质量安全。

## 任务实施

### 一、检验项目及限量

| 项目 | 限量 |
| --- | --- |
| 菌落总数 /（CFU/ 手） | 300 |
| 大肠菌群 | 不得检出 |
| 致病菌（金黄色葡萄球菌、溶血性链球菌、绿脓杆菌） | 不得检出 |

### 二、设备与材料

| 项目 | 内容 |
| --- | --- |
| 设备 | 恒温培养箱、冰箱、恒温水浴箱、天平、超净工作台、高压蒸汽灭菌锅 |
| 材料 | 无菌吸管［1mL（具 0.01mL 刻度）、10mL（具 0.1mL 刻度）］或微量移液器及吸头、无菌锥形瓶（容量 250mL、500mL）、无菌培养皿（直径 90mm）、无菌试管（18mm×180mm）、采样管 |

笔记

## 三、培养基与试剂

| 名称 | 成分 | 制法 |
| --- | --- | --- |
| 营养琼脂培养基 | 蛋白胨 10.0g<br>牛肉粉 3.0g<br>氯化钠 5.0g<br>琼脂 15.0g<br>蒸馏水 1000mL<br>pH 7.2 ～ 7.4 | 除琼脂外其他成分溶解于蒸馏水中，调节pH，加入琼脂，煮沸溶解，分装，121℃高压灭菌15min |
| 无菌生理盐水 | 氯化钠 8.5g<br>蒸馏水 1000mL | 称取8.5g氯化钠溶于1000mL蒸馏水中，121℃高压灭菌15min |
| 乳糖胆盐发酵管 | 蛋白胨 20.0g<br>猪胆盐 5.0g<br>乳糖 10.0g<br>0.04%溴甲酚紫水溶液 25mL<br>蒸馏水 1000mL<br>pH 7.4 | 将蛋白胨、胆盐及乳糖溶于水中，调节pH，加入指示剂，分装每管50mL，并放入一个小倒管，115℃灭菌15min |
| 乳糖发酵管 | 蛋白胨 20.0g<br>乳糖 10.0g<br>0.04%溴甲酚紫水溶液 25mL<br>蒸馏水 1000mL<br>pH 7.4 | 将蛋白胨及乳糖溶于水中，调节pH，加入指示剂，分装每管50mL，并放入一个小倒管，115℃灭菌15min |
| 伊红美蓝琼脂 | 蛋白胨 10.0g<br>磷酸氢二钾 2.0g<br>乳糖 10.0g<br>2%伊红Y溶液 20mL<br>0.65%美蓝溶液 10mL<br>蒸馏水 1000mL<br>pH 7.1 | 将蛋白胨、磷酸盐及琼脂溶于蒸馏水中，调节pH，分装，121℃灭菌15min备用。临用时加入乳糖并加热融化琼脂，冷却至55℃，加入伊红和美蓝溶液摇匀，倾注平板 |
| SCDLP液体培养基 | 酪蛋白胨 17.0g<br>大豆蛋白胨 3.0g<br>氯化钠 5.0g<br>磷酸氢二钾 2.5g<br>葡萄糖 2.5g<br>卵磷脂 1.0g<br>吐温80 7.0g<br>蒸馏水 1000mL<br>pH 7.2 ～ 7.3 | 将各种成分混合（如无酪蛋白胨和大豆蛋白胨可用日本多价胨代替），加热溶解，调节pH，分装，121℃灭菌20min，摇匀，避免吐温80沉于底部，冷却至25℃后使用 |
| 血琼脂培养基 | 营养琼脂 100mL<br>脱纤维羊血（或兔血） 10mL | 将灭菌后的营养琼脂加热融化，降温至50℃左右，用无菌方法将10mL脱纤维血加入后摇匀，倾注平皿 |

笔记

续表

| 名称 | 成分 | 制法 |
| --- | --- | --- |
| 甘露醇发酵培养基 | 蛋白胨 10.0g<br>牛肉膏 5.0g<br>氯化钠 5.0g<br>甘露醇 10.0g<br>0.2% 溴麝香草酚蓝溶液 12mL<br>蒸馏水 1000mL<br>pH 7.2 ～ 7.4 | 将蛋白胨、氯化钠、牛肉膏加到蒸馏水中，加热溶解，调节 pH，加入甘露醇和溴麝香草酚蓝混匀后，分装试管，115℃灭菌 20min 备用 |
| 兔血浆 | 3.8% 柠檬酸钠溶液 1 份<br>兔全血 4 份 | 取灭菌 3.8% 柠檬酸钠 1 份，兔全血 4 份，混匀静置，3000r/min 离心 5min，取上清，弃血球 |
| 十六烷三甲基溴化铵培养液 | 蛋白胨 10.0g<br>牛肉膏 3.0g<br>氯化钠 5.0g<br>十六烷三甲基溴化铵 0.3g<br>琼脂 20.0g<br>蒸馏水 1000mL<br>pH 7.4 ～ 7.6 | 将蛋白胨、氯化钠、牛肉膏加到蒸馏水中，加热溶解，调节 pH，加入琼脂煮沸溶解，115℃灭菌 20min，冷却至 55℃左右，倾注平皿 |
| 绿脓菌素测定用培养基斜面 | 蛋白胨 20.0g<br>氯化镁 1.4g<br>硫酸钾 10.0g<br>甘油 10.0g<br>琼脂 18.0g<br>蒸馏水 1000mL<br>pH 7.4 | 将蛋白胨、氯化镁和硫酸钾加到蒸馏水中，加热溶解，调节 pH，加入琼脂和甘油，煮沸溶解，分装试管，115℃灭菌 20min，制成斜面备用 |
| 硝酸盐蛋白胨水培养基 | 蛋白胨 10g<br>酵母粉 3g<br>硝酸钾 2g<br>亚硝酸钠 0.5g<br>蒸馏水 1000mL<br>pH 7.2 | 将蛋白胨与酵母粉加到蒸馏水中，加热溶解，调节 pH，煮沸过滤后补足液量，加入硝酸钾和亚硝酸钠溶解均匀，分装到加有小倒管的试管中，115℃灭菌 20min 备用 |
| 葡萄糖肉汤 | 蛋白胨 10.0g<br>牛肉膏 5.0g<br>氯化钠 5.0g<br>葡萄糖 10.0g<br>蒸馏水 1000mL<br>pH 7.2 ～ 7.4 | 将各成分溶于蒸馏水中，调节 pH，加热溶解，分装试管，121℃灭菌 15min 后备用 |

笔记

## 四、操作步骤

### 1. 采样

被检人员五指并拢，用一浸湿生理盐水的棉签在右手指曲面，从指尖到指端来回涂擦 10 次（见图 5-1）。然后剪去手接触部分棉棒，将棉签放入含 10mL 灭菌生理盐水的采样管（见图 5-2）内送检。

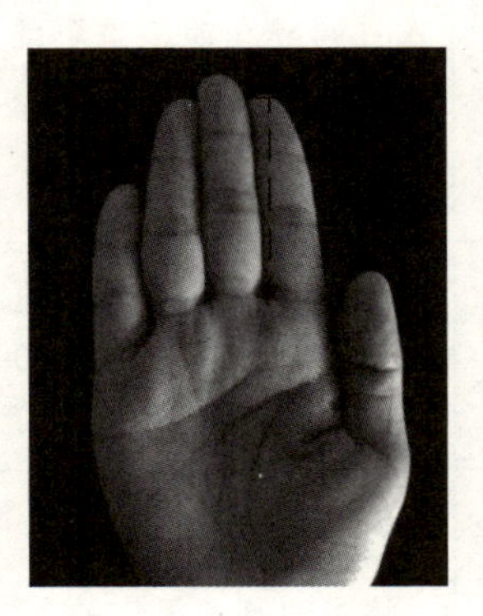

图 5-1 被检人员右手

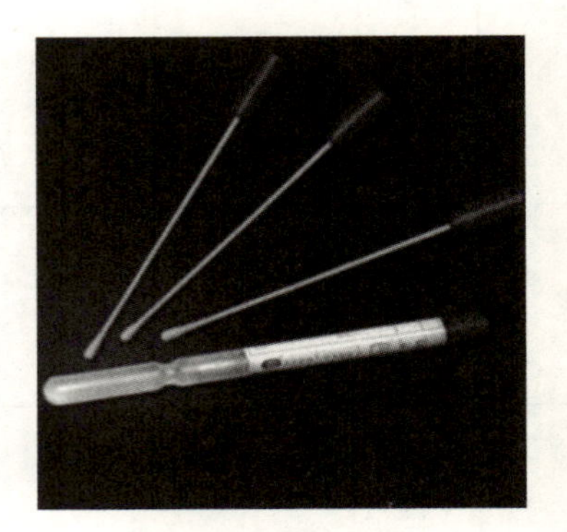

图 5-2 采样管

### 2. 检验

（1）菌落总数

① 接种培养　将已采集的样品在 6h 内送实验室，每支采样管充分混匀后取 1mL 样液，放入灭菌平皿内，倾注营养琼脂培养基（见图 5-3）。每个样品平行接种两个平皿。置 35℃ ±2℃培养 48h，计数平板上细菌菌落数。

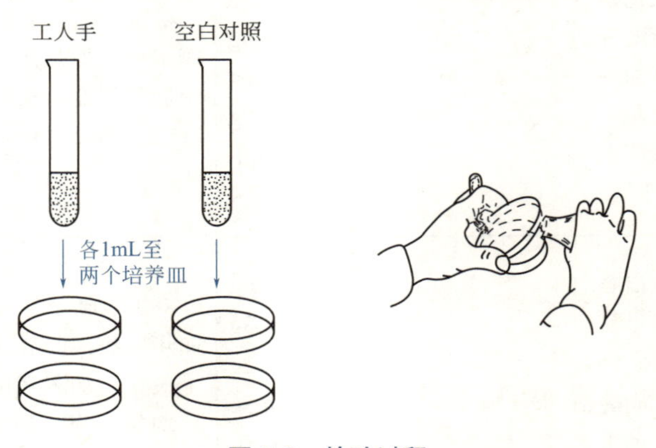


图 5-3 检验过程

② 结果计算　平板上平均细菌菌落数即为工作人员手表面细菌菌落总数（CFU/手）。

（2）大肠菌群　取样液 5mL 接种 50mL 乳糖胆盐发酵管，置 35℃ ±2℃培养 24h，如不产酸也不产气，则报告为大肠菌群阴性。如产酸产气，则划线接种伊红美蓝琼脂平板，置 35℃ ±2℃培养 18 ～ 24h，观察平板上菌落形态。典型的大肠菌落为黑紫色或红紫色，圆形，边缘整齐，表面光滑湿润，常具有金属光泽；也有的呈紫黑色，不带或略带金属光泽；或粉红色，菌落中心较深。取疑似菌落 1 ～ 2 个作革兰氏染色镜检，同时接种乳糖发酵管，置 35℃ ±2℃培养 24h，观察产气情况。

笔记

凡乳糖胆盐发酵管产酸产气，乳糖发酵管产酸产气，在伊红美蓝平板上有典型大肠菌落，革兰氏染色为阴性无芽孢杆菌，可报告被检样品检出大肠菌群。

（3）金黄色葡萄球菌

① 培养鉴定　取样液 5mL，加入到 50mL SCDLP 培养液中，充分混匀，置 35℃ ±2℃培养 24h。

自上述增菌液中取 1 ～ 2 接种环，划线接种在血琼脂培养基上，置 35℃ ±2℃培养 24 ～ 48h。在血琼脂平板上该菌菌落呈金黄色，大而突起，圆形，不透明，表面光滑，周围有溶血圈。

挑取典型菌落，涂片作革兰氏染色镜检，金黄色葡萄球菌为革兰氏阳性球菌，排列成葡萄状，无芽孢与荚膜。镜检符合上述情况，应进行下列试验。

a. 甘露醇发酵试验　取上述菌落接种甘露醇培养液，置 35℃ ±2℃培养 24h，发酵甘露醇产酸者为阳性。

b. 血浆凝固酶试验

（a）玻片法　取清洁干燥载玻片，一端滴加一滴生理盐水，另一端滴加一滴兔血浆，挑取菌落分别与生理盐水和血浆混合。5min 后如血浆内出现团块或颗粒状凝块，而盐水滴仍呈均匀混浊无凝固，则为阳性；如两者均无凝固则为阴性。凡盐水滴与血浆滴均有凝固现象，再进行试管凝固酶试验。

（b）试管法　吸取 1∶4 新鲜血浆 0.5mL，放灭菌小试管中，加入等量待检菌 24h 肉汤培养物 0.5mL，混匀，放 35℃ ±2℃温箱或水浴中，每 0.5h 观察一次，24h 之内呈现凝块即为阳性。同时以已知血浆凝固酶阳性和阴性菌株肉汤培养物各 0.5mL，作为阳性与阴性对照。

② 结果报告　凡在琼脂平板上有可疑菌落生长，镜检为革兰氏阳性葡萄球菌，并能发酵甘露醇产酸，血浆凝固酶试验阳性者，可报告被检样品检出金黄色葡萄球菌。

（4）绿脓杆菌

① 培养鉴定　取样液 5mL，加入到 50mL SCDLP 培养液中，充分混匀，置 35℃ ±2℃培养 18 ～ 24h。如有绿脓杆菌生长，培养液表面呈现一层薄菌膜，培养液常呈黄绿色或蓝绿色。从培养液的薄菌膜处挑取培养物，划线接种十六烷三甲基溴化铵琼脂平板，置 35℃ ±2℃培养 18 ～ 24h，观察菌落特征。绿脓杆菌在此培养基上生长良好，菌落扁平，边缘不整，菌落周围培养基略带粉红色，其他菌不长。

取可疑菌落涂片作革兰氏染色，镜检为革兰氏阴性菌者应进行下列试验。

a. 氧化酶试验　取一小块洁净的白色滤纸片放在灭菌平皿内，用无菌玻棒挑取可疑菌落涂在滤纸片上，然后在其上滴加一滴新配制的 1% 二甲基对苯二胺试液，30s 内出现粉红色或紫红色，为氧化酶试验阳性，不变色者为阴性。

b. 绿脓菌素试验　取 2 ～ 3 个可疑菌落，分别接种在绿脓菌素测定用培养基斜面，35℃ ±2℃培养 24h，加入三氯甲烷 3 ～ 5mL，充分振荡使培养物中可能存在的绿脓菌素溶解，待三氯甲烷呈蓝色时，用吸管移到另一试管中并加入 1mol/L 的

笔记

盐酸 1mL，振荡后静置片刻。如上层出现粉红色或紫红色即为阳性，表示有绿脓菌素存在。

c. 硝酸盐还原产气试验　挑取被检菌落纯培养物接种在硝酸盐蛋白胨水培养基中，置 35℃ ±2℃培养 24h，培养基小倒管中有气者即为阳性。

d. 明胶液化试验　取可疑菌落纯培养物，穿刺接种在明胶培养基内，置 35℃ ±2℃培养 24h，取出放于 4 ～ 10℃，如仍呈液态为阳性，凝固者为阴性。

e. 42℃生长试验　取可疑培养物，接种在普通琼脂斜面培养基上，置 42℃培养 24 ～ 48h，有绿脓杆菌生长为阳性。

② 结果报告　被检样品经增菌分离培养后，证实为革兰氏阴性杆菌，氧化酶及绿脓菌素试验均为阳性者，即可报告被检样品中检出绿脓杆菌。如绿脓菌素试验阴性而明胶液化、硝酸盐还原产气和 42℃生长试验三者皆为阳性时，仍可报告被检样品中检出绿脓杆菌。

（5）溶血性链球菌

① 培养鉴定　取样液 5mL 加入到 50mL 葡萄糖肉汤，35℃ ±2℃培养 24h。

将培养物划线接种血琼脂平板，35℃ ±2℃培养 24h 观察菌落特征。溶血性链球菌在血平板上为灰白色，半透明或不透明，针尖状突起，表面光滑，边缘整齐，周围有无色透明溶血圈。

挑取典型菌落作涂片革兰氏染色镜检，应为革兰氏阳性，呈链状排列的球菌。镜检符合上述情况，应进行下列试验。

a. 链激酶试验　吸取草酸钾血浆 0.2mL（0.01g 草酸钾加 5mL 兔血浆混匀，经离心沉淀，吸取上清液），加入 0.8mL 灭菌生理盐水，混匀后再加入待检菌 24h 肉汤培养物 0.5mL 和 0.25% 氯化钙 0.25mL，混匀，放 35℃ ±2℃水浴中，2min 观察一次（一般 10min 内可凝固），待血浆凝固后继续观察并记录融化时间。如 2h 内不融化，继续放置 24h 观察，如凝块全部融化为阳性，24h 仍不融化为阴性。

b. 杆菌肽敏感试验　将被检菌菌液涂于血平板上，用灭菌镊子取每片含 0.04 单位杆菌肽的纸片放在平板表面上，同时以已知阳性菌株作对照，在 35℃ ±2℃下放置 18 ～ 24h，有抑菌带者为阳性。

② 结果报告　镜检革兰氏阳性链状排列球菌，血平板上呈现溶血圈，链激酶和杆菌肽试验阳性，可报告被检样品检出溶血性链球菌。

## 实训报告

笔 记

### 操作记录

实训名称：

班级：　　　　　　　　　　姓名：　　　　　　　　　　学号：

### 培养基及试剂配制

| 时间 | 培养基（试剂）名称 | 成分 /g | 蒸馏水 /L | pH 值 | 容量规格 /［mL/ 瓶（管）］ | 数量 / 瓶（管） | 灭菌方式 | 灭菌温度 /℃ | 灭菌时间 /min | 配制人 |
|---|---|---|---|---|---|---|---|---|---|---|
| | | | | | | | | | | |
| | | | | | | | | | | |
| | | | | | | | | | | |
| | | | | | | | | | | |
| | | | | | | | | | | |

### 检验记录单

检测项目：　　　　　　　　　　　　　　检测日期：

操作步骤及反思：

### 结果记录及评价

| 菌落总数 | $10^{-1}$ | | 空白对照 | 结果报告 | 标准要求 | 单项判定 |
|---|---|---|---|---|---|---|
| | | | | | | |

| 大肠菌群 | 初发酵 | 分离培养结果 | 革兰氏染色 | 乳糖发酵管 | 结果报告 | 标准要求 | 单项判定 |
|---|---|---|---|---|---|---|---|
| | | | | | | | |

| | 选择性平板 | 检测结果 | 结果报告 | 标准要求 | 单项判定 |
|---|---|---|---|---|---|
| 金黄色葡萄球菌 | | □ 无可疑菌落<br>□ 有可疑菌落 | □ 未检出<br>□ 检出 | | |
| 绿脓杆菌 | | □ 无可疑菌落<br>□ 有可疑菌落 | □ 未检出<br>□ 检出 | | |
| 溶血性链球菌 | | □ 无可疑菌落<br>□ 有可疑菌落 | □ 未检出<br>□ 检出 | | |

检测人：　　　　　　　　　　　　　　复核人：

笔记

**拓展训练**

1. 检测工作人员手的卫生状况的采样方法是什么？

2. 工作人员手的卫生状况检测指标有哪些？

**任务评价**

| 序号 | 评价项目 | 评价内容 | 分值 | 评分 |
| --- | --- | --- | --- | --- |
| 1 | 自我评价 | 实训准备、实训过程及实训结果 | 20 | |
| 2 | 组内评价 | 完成任务的态度、能力、团队协作 | 20 | |
| 3 | 组间评价 | 环境卫生、结果报告、大局意识 | 15 | |
| 4 | 教师评价 | 学习态度、实训过程及实训报告 | 45 | |
| 合计 | | | 100 | |

自我评价与总结：

教师点评：

# 任务三

# 车间工作台及设备表面的卫生状况测定

## 知识准备

食品生产车间的工作台及各种加工机械设备本身没有微生物所需的营养物质，但在食品加工过程中，由于食品的汁液或颗粒黏附在其内外表面，食品生产结束时若工作台或机械设备没有得到彻底的灭菌，会使原本少量的微生物得以在其上大量生长繁殖，成为微生物的污染源，在后续使用过程通过接触污染食品。

此外，食品的原料本身含有微生物，在生产过程中，经过清洗、蒸煮、烘烤、超高温杀菌等加热杀菌工艺后，微生物含量急剧下降或达到商业无菌状态。但是，这些经过高温制作的食品在冷却、输送、灌装、封口、包装过程中，往往会被二次污染。因此，在生产车间，除保证空气的清洁和生产人员的卫生外，监控并保持工作台及各种加工机械设备的卫生和无菌，是防止和减少成品二次污染的关键。

## 任务实施

### 一、检验项目及限量

| 项目 | 限量 |
|---|---|
| 菌落总数 /（CFU/$cm^2$） | 20 |
| 大肠菌群 | 不得检出 |
| 致病菌（金黄色葡萄球菌、溶血性链球菌、绿脓杆菌） | 不得检出 |

### 二、设备与材料

所需设备与材料同项目五任务二。

笔记

## 三、培养基与试剂

所需培养基与试剂同项目五任务二。

## 四、操作步骤

### 1. 采样

将经灭菌的内径为 5cm×5cm 的采样规格板（图 5-4）放在被检物体表面，用一浸有灭菌生理盐水的棉签在其内涂抹 10 次，采样时棉签头要边涂抹边旋转，横竖交叉涂抹取样，然后剪去手接触部分棉棒，将棉签放入含 10mL 灭菌生理盐水的采样管内送检。

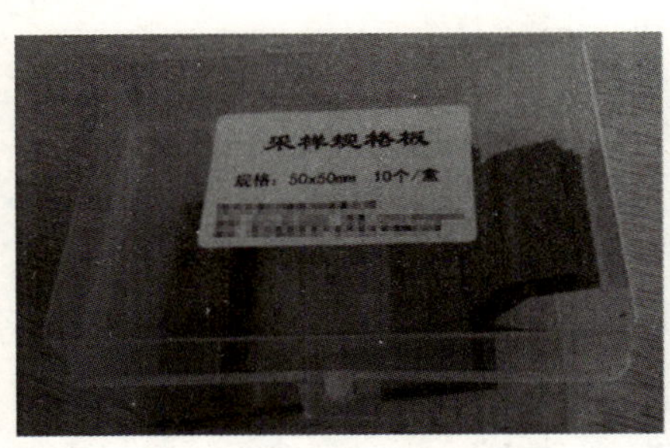

图 5-4　采样规格板

### 2. 检验

（1）菌落总数

① 接种培养　将已采集的样品在 6h 内送实验室，每支采样管充分混匀后取 1mL 样液，放入灭菌平皿内，倾注营养琼脂培养基。每个样品平行接种两个平皿。置 35℃ ±2℃培养 48h，计数平板上细菌菌落数。

② 结果计算　计算方法如式（5-1）所示。

$$\begin{array}{c}\text{工作台或机械设备表面}\\ \text{细菌菌落总数（CFU/cm}^2\text{）}\end{array}=\frac{\text{平板上平均细菌菌落数}}{\text{采样面积（cm}^2\text{）}}\times 10 \qquad (5\text{-}1)$$

（2）大肠菌群　测定方法同项目五任务二大肠菌群测定。

（3）致病菌　致病菌（金黄色葡萄球菌、溶血性链球菌、绿脓杆菌）检验方法同项目五任务二致病菌检验。

### 3. 结果判定

根据细菌菌落总数和大肠菌群检测结果，比对指标限量要求，判断被检工作台或机械设备的卫生状况。

# 实训报告

笔记

**操作记录**

实训名称：

班级： 姓名： 学号：

**培养基及试剂配制**

| 时间 | 培养基（试剂）名称 | 成分 /g | 蒸馏水 /L | pH 值 | 容量规格 /［mL/ 瓶（管）］ | 数量 / 瓶（管） | 灭菌方式 | 灭菌温度 /℃ | 灭菌时间 /min | 配制人 |
|---|---|---|---|---|---|---|---|---|---|---|
| | | | | | | | | | | |
| | | | | | | | | | | |
| | | | | | | | | | | |
| | | | | | | | | | | |
| | | | | | | | | | | |

**检验记录单**

检测项目： 检测日期：

检测对象： 采样面积：

操作步骤及反思：

**结果记录及评价**

| 菌落总数 | $10^{-1}$ | | 空白对照 | 结果报告 | 标准要求 | 单项判定 |
|---|---|---|---|---|---|---|
| | | | | | | |

| 大肠菌群 | 初发酵 | 分离培养结果 | 革兰氏染色 | 乳糖发酵管 | 结果报告 | 标准要求 | 单项判定 |
|---|---|---|---|---|---|---|---|
| | | | | | | | |

| | 选择性平板 | 检测结果 | 结果报告 | 标准要求 | 单项判定 |
|---|---|---|---|---|---|
| 绿脓杆菌 | | □ 无可疑菌落<br>□ 有可疑菌落 | □ 未检出<br>□ 检出 | | |
| 金黄色葡萄球菌 | | □ 无可疑菌落<br>□ 有可疑菌落 | □ 未检出<br>□ 检出 | | |
| 溶血性链球菌 | | □ 无可疑菌落<br>□ 有可疑菌落 | □ 未检出<br>□ 检出 | | |

检测人： 复核人：

笔记

**拓展训练**

1. 车间工作台面卫生状况检测时应如何采样？

2. 加工器械表面卫生状况的检测指标有哪些？

3. 如何控制生产过程中的微生物污染？

**任务评价**

| 序号 | 评价项目 | 评价内容 | 分值 | 评分 |
| --- | --- | --- | --- | --- |
| 1 | 自我评价 | 实训准备、实训过程及实训结果 | 20 | |
| 2 | 组内评价 | 完成任务的态度、能力、团队协作 | 20 | |
| 3 | 组间评价 | 环境卫生、结果报告、大局意识 | 15 | |
| 4 | 教师评价 | 学习态度、实训过程及实训报告 | 45 | |
| 合计 | | | 100 | |

自我评价与总结：

教师点评：

任务四

# 食品企业空气洁净程度测定

## 知识准备

空气中不含微生物生长可直接利用的营养物质及充足的水分，加上日光中紫外线的照射并不是微生物生活的天然环境，所以洁净空气中的微生物含量很低。但是，绝大多数环境的空气都含有数量不等、种类不同的微生物，其主要来源于土壤、水、人和动植物体表的脱落物和呼吸道、消化道的排泄物等，这些微生物随风飘扬而悬浮在大气中或附着在飞扬起来的尘埃或液滴上。

不同环境空气中微生物的数量和种类有很大差异。空气中的尘埃越多，所含微生物的数量也就越多，如街道、屠宰场等场所的空气中微生物数量较高，室内污染严重的环境微生物数量可达 $10^6$CFU/$m^3$。

食品企业洁净区域的空气洁净程度对保证食品质量安全有着十分重要的意义，因此，食品企业会定期监控洁净区域空气卫生状况，测定空气中的微生物数量。通常洁净度测定可通过空气直接沉降法进行，其原理是空气中微生物一般吸附在尘埃中，由于地心引力作用尘埃会下沉到地面或物体表面。

## 任务实施

### 一、洁净度分级标准

洁净区域空气洁净度分级标准见表 5-2。

表5-2　洁净区域空气洁净度分级标准（沉降菌 $\phi$ 90mm，0.5h）

| 菌落数 / 皿 | 空气洁净度级别 | 菌落数 / 皿 | 空气洁净度级别 |
|---|---|---|---|
| ≤ 1 | 100 | ≤ 10 | 100000 |
| ≤ 3 | 10000 | ≤ 15 | 300000 |

笔记

## 二、设备与材料

| 项目 | 内容 |
| --- | --- |
| 设备 | 超净工作台、高压蒸汽灭菌锅、恒温培养箱、霉菌培养箱、冰箱、恒温水浴箱 |
| 材料 | 无菌吸管［1mL（具0.01mL刻度）、10mL（具0.1mL刻度）］或微量移液器及吸头、无菌锥形瓶（容量250mL、500mL）、无菌培养皿（直径90mm）、无菌试管（18mm×180mm） |

## 三、培养基与试剂

| 名称 | 成分 | 制法 |
| --- | --- | --- |
| 营养琼脂培养基 | 蛋白胨 10.0g<br>牛肉粉 3.0g<br>氯化钠 5.0g<br>琼脂 15.0g<br>蒸馏水 1000mL<br>pH 7.2～7.4 | 除琼脂外其他成分溶解于蒸馏水中，调节pH，加入琼脂，煮沸溶解，分装，121℃高压灭菌15min |
| 改良马丁培养基 | 蛋白胨 5.0g<br>酵母粉 2.0g<br>葡萄糖 20.0g<br>磷酸氢二钾 1.0g<br>硫酸镁 0.5g<br>琼脂 15g<br>蒸馏水 1000mL<br>pH 6.2～6.6 | 除琼脂外其他成分溶解于蒸馏水中，调节pH，加入琼脂，加热溶解，分装，121℃高压灭菌15min |

## 四、操作步骤

### 1. 洁净区域

（1）采样　洁净区域洁净程度测定的最少采样点数取决于被测空间的面积及其洁净度级别，具体见表5-3。确定采样点数后，可参考图5-5进行采样点布置。

表5-3　最少采样点数

| 面积/$m^2$ | 洁净度级别 | | | |
| --- | --- | --- | --- | --- |
| | 100 | 10000 | 100000 | 300000 |
| ＜10 | 2～3 | 2 | 2 | 2 |
| 10～20 | 4 | 2 | 2 | 2 |
| 20～40 | 8 | 2 | 2 | 2 |
| 40～100 | 16 | 4 | 2 | 2 |
| 100～200 | 40 | 10 | 3 | 3 |
| 200～400 | 80 | 20 | 6 | 6 |

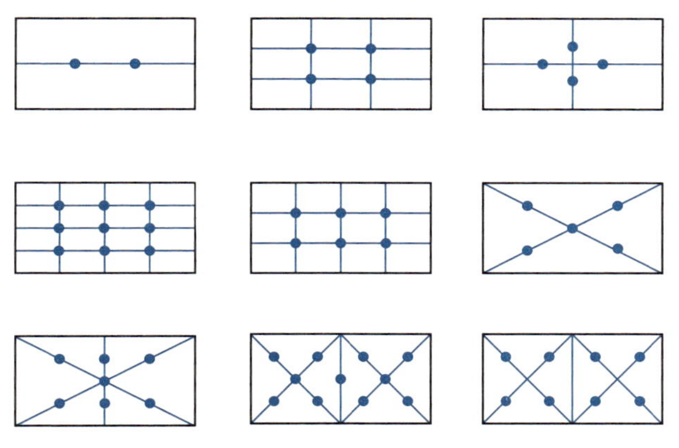

图 5-5　采样点布置图

笔记

采样时，将含营养琼脂培养基和改良马丁培养基的平板（直径 9cm）分别置于采样点（约桌面高度，距离地面大约 80 ～ 120cm），打开平皿盖，使平板在空气中暴露 30min。

（2）接种培养　将采样完毕的培养基在 6h 内送实验室，含营养琼脂培养基平板于 35℃ ±2℃培养 48h，观察结果，计数平板上细菌菌落数；含改良马丁培养基平板 28℃ ±2℃培养 5d，观察结果，计数平板上霉菌菌落数。

（3）结果判定　根据细菌和霉菌菌落数，参照洁净区域空气洁净程度分级标准，判定被检区域是否符合洁净要求。

### 2. 生产车间

（1）采样　室内面积不超过 $30m^2$，在对角线上设里、中、外三点，里、外点位置距墙 1m；室内面积超过 $30m^2$，设东、西、南、北、中 5 点，周围 4 点距墙 1m。采样时，将含营养琼脂培养基的平板（直径 9cm）置采样点（约桌面高度），打开平皿盖，使平板在空气中暴露 5min。

（2）细菌培养　在采样前将准备好的营养琼脂培养基置 35℃ ±2℃培养 24h，取出检查有无污染，将污染培养基剔除。

将已采集的培养基在 6h 内送实验室，于 35℃ ±2℃培养 48h 观察结果，计数平板上细菌菌落数。

（3）菌落数计算　计算方法如式（5-2）所示。

$$\text{空气中细菌菌落总数} = \frac{5000 \times A}{S \times t} \tag{5-2}$$

式中　$A$——培养皿经培养后的菌落数；

$S$——所用平皿面积，$cm^2$，平皿直径 9cm；

$t$——平皿暴露于空气中的时间，min。

该式是根据 5min 内在 $100cm^2$ 面积上降落的细菌数约等于 10L 空气中的含菌数推导出的。

笔记

# 实训报告

<table>
<tr><td colspan="10" align="center">操作记录</td></tr>
<tr><td colspan="10">实训名称：<br>班级：　　　　　　姓名：　　　　　　学号：</td></tr>
<tr><td colspan="10" align="center">培养基及试剂配制</td></tr>
<tr><td>时间</td><td>培养基（试剂）名称</td><td>成分 /g</td><td>蒸馏水 /L</td><td>pH 值</td><td>容量规格 /［mL/ 瓶（管）］</td><td>数量 / 瓶（管）</td><td>灭菌方式</td><td>灭菌温度 /℃</td><td>灭菌时间 /min</td><td>配制人</td></tr>
<tr><td></td><td></td><td></td><td></td><td></td><td></td><td></td><td></td><td></td><td></td><td></td></tr>
<tr><td></td><td></td><td></td><td></td><td></td><td></td><td></td><td></td><td></td><td></td><td></td></tr>
<tr><td></td><td></td><td></td><td></td><td></td><td></td><td></td><td></td><td></td><td></td><td></td></tr>
<tr><td></td><td></td><td></td><td></td><td></td><td></td><td></td><td></td><td></td><td></td><td></td></tr>
<tr><td></td><td></td><td></td><td></td><td></td><td></td><td></td><td></td><td></td><td></td><td></td></tr>
</table>

<table>
<tr><td colspan="4" align="center">检验记录单</td></tr>
<tr><td colspan="2">检测项目：</td><td colspan="2">检测日期：</td></tr>
<tr><td>取样位置</td><td>用“A”标注微生物采样点位置</td><td>采样时间（注：采样时间指平均每皿暴露在空气中的时间）</td><td></td></tr>
<tr><td colspan="4">操作步骤及反思：</td></tr>
</table>

<table>
<tr><td colspan="6" align="center">结果记录及评价</td></tr>
<tr><td rowspan="2">项目</td><td colspan="3">培养皿编号</td><td rowspan="2">平均值</td><td rowspan="2">洁净度级别</td></tr>
<tr><td></td><td></td><td></td></tr>
<tr><td>细菌菌落数 /（CFU/ 皿）</td><td></td><td colspan="2"></td><td></td><td rowspan="2"></td></tr>
<tr><td>霉菌菌落数 /（CFU/ 皿）</td><td></td><td colspan="2"></td><td></td></tr>
<tr><td colspan="3">检测人：</td><td colspan="3">复核人：</td></tr>
</table>

笔记

笔记

## 拓展训练

1. 洁净区域空气洁净度的测定原理是什么？

2. 无菌室空气洁净程度检测时应如何采样？

3. 空气消毒方法有哪些？

## 任务评价

| 序号 | 评价项目 | 评价内容 | 分值 | 评分 |
|---|---|---|---|---|
| 1 | 自我评价 | 实训准备、实训过程及实训结果 | 20 | |
| 2 | 组内评价 | 完成任务的态度、能力、团队协作 | 20 | |
| 3 | 组间评价 | 环境卫生、结果报告、大局意识 | 15 | |
| 4 | 教师评价 | 学习态度、实训过程及实训报告 | 45 | |
| 合计 | | | 100 | |

自我评价与总结：

教师点评：

笔记

# 附录

# 学生实训基本考核标准

任务评价由自我评价（附表1）、组内评价（附表2）、组间评价（附表3）和教师评价（附表4）组成，分别占20%、20%、15%、45%。最后对学生实训任务评价汇总（附表5）。

附表1　自我评价

| 序号 | 评价项目 | 评价标准 | 参考分值 |
|---|---|---|---|
| 1 | 知识准备、查阅资料，完成预习 | 能够回答出［知识准备］中的相关问题，观看本任务的微课视频、微教材、标准等 | 5 |
| 2 | 实验材料准备，操作过程 | 实训材料准备正确、齐全；设备检查使用良好；认真完成指标检验的每个环节并撰写报告记录 | 10 |
| 3 | 实训结果 | 完成结果计算和结果判定 | 5 |
|  | 合计 |  | 20 |

附表2　组内评价（请小组成员根据表现打分）

| 序号 | 评价项目 | 评价标准 | 参考分值 |
|---|---|---|---|
| 1 | 完成任务的态度 | 态度认真，材料准备齐全；设备检查使用良好；积极主动完成实训的每个环节 | 5 |
| 2 | 完成任务的能力 | 材料准备准确；实训环节操作正确；过程无重大失误 | 5 |
| 3 | 团队协作精神 | 根据分工服从安排，顾全全局，积极与小组成员合作，共同完成工作任务，具有团队合作精神 | 10 |
|  | 合计 |  | 20 |

笔记

附表3 组间评价（不同小组之间）

| 序号 | 评价项目 | 评价标准 | 参考分值 |
| --- | --- | --- | --- |
| 1 | 环境卫生的保持 | 按要求及时清理实训室垃圾，及时清洗实训用具，保持实验台面整洁 | 5 |
| 2 | 检验过程与结果 | 实训原始数据记录和检验结果报告正确，过程无明显错误 | 5 |
| 3 | 大局意识 | 顾全大局，具有团队合作精神，能够及时沟通，通力完成任务 | 5 |
| | 合计 | | 15 |

附表4 教师评价

| 序号 | 评价项目 | 评价标准 | 参考分值 |
| --- | --- | --- | --- |
| 1 | 学习态度 | 态度端正，学习认真，积极主动，责任心强，按时出勤 | 10 |
| 2 | 实训过程 | 实训纪律良好，合理准备工具、仪器、材料，操作规范正确，能按时完成实训任务，有较强的团队协作能力 | 20 |
| 3 | 数据记录与实训报告 | 规范记录实训数据，认真书写实训报告，数据准确，计算结果正确，试验结果判定无误 | 15 |
| | 合计 | | 45 |

附表5 学生实训评价

| 序号 | 评价项目 | 评价标准 | 参考分值 | 实际分值 |
| --- | --- | --- | --- | --- |
| 1 | 自我评价 | 实训准备、实训过程及实验结果 | 20 | |
| 2 | 组内评价 | 完成任务的态度、能力、团队协作 | 20 | |
| 3 | 组间评价 | 环境卫生、结果报告、大局意识 | 15 | |
| 4 | 教师评价 | 学习态度、实训过程及实训报告 | 45 | |
| | 合计 | | 100 | |

# 参考文献

[1] 陈江萍 . 食品微生物检测实训教程 [M]. 杭州：浙江大学出版社，2012.
[2] 范建奇 . 食品微生物基础与实验技术 [M]. 北京：中国质检出版社，2012.
[3] 李凤梅 . 食品微生物检验 [M]. 北京：化学工业出版社，2015.
[4] 李志香，张家国 . 食品微生物学及其技能训练 [M]. 北京：中国轻工业出版社，2011.
[5] 刘素纯 . 食品微生物检验 [M]. 北京：科学出版社，2013.
[6] 王晓峨，李燕 . 食品微生物检验 [M]. 北京：中国农业出版社，2017.
[7] 魏明奎，段鸿斌 . 食品微生物检验技术 [M]. 北京：化学工业出版社，2008.
[8] 雅梅 . 食品微生物检验技术 [M]. 北京：化学工业出版社，2012.
[9] 严晓玲 . 食品微生物检测技术 [M]. 北京：中国轻工业出版社，2017.
[10] 周丽红，张滨，刘素纯 . 食品微生物检验实验技术 [M]. 北京：中国质检出版社，中国标准出版社，2012.
[11] GB 4789.1—2016 食品安全国家标准　食品微生物学检验　总则 .
[12] GB 4789.2—2016 食品安全国家标准　食品微生物学检验　菌落总数测定 .
[13] GB 4789.3—2016 食品安全国家标准　食品微生物学检验　大肠菌群计数 .
[14] GB 4789.15—2016 食品安全国家标准　食品微生物学检验　霉菌和酵母计数 .
[15] GB 4789.26—2013 食品安全国家标准　食品微生物学检验　商业无菌检验 .
[16] GB 4789.35—2016 食品安全国家标准　食品微生物学检验　乳酸菌检验 .
[17] GB 4789.10—2016 食品安全国家标准　食品微生物学检验　金黄色葡萄球菌检验 .
[18] GB 4789.4—2016 食品安全国家标准　食品微生物学检验　沙门氏菌检验 .
[19] GB 4789.7—2013 食品安全国家标准　食品微生物学检验　副溶血性弧菌检验 .
[20] GB 4789.30—2016 食品安全国家标准　食品微生物学检验　单核细胞增生李斯特氏菌检验 .
[21] GB 4789.5—2016 食品安全国家标准　食品微生物学检验　志贺氏菌检验 .
[22] GB 15979—2002 一次性使用卫生用品卫生标准 .
[23] GB/T 5750.12—2006 生活饮用水标准检验方法　微生物指标 .
[24] GB/T 27405—2008 实验室质量控制规范　食品微生物检测 .